资助
海南省海洋地质资源与环境重点实验室
海南省2018年度新世纪百千万人才工程国家级人才资金
海南省地质调查院

HAINAN REDAI YULIN GUOJIA GONGYUAN
DIZHI YIJI DE QIANSHI JINSHENG

# 海南热带雨林国家公园地质遗迹的前世今生

傅杨荣　胡在龙　魏昌欣　吕昭英
黄武轩　吴　迪　何玉生　编著

中国地质大学出版社
ZHONGGUO DIZHI DAXUE CHUBANSHE

图书在版编目(CIP)数据

海南热带雨林国家公园地质遗迹的前世今生/傅杨荣等编著.
—武汉：中国地质大学出版社，2021.5
ISBN 978-7-5625-5017-4

Ⅰ.①海…
Ⅱ.①傅…
Ⅲ.①热带雨林-国家公园-区域地质-研究-海南
Ⅳ.①P562.66

中国版本图书馆CIP数据核字(2021)第085755号

| 海南热带雨林国家公园<br>地质遗迹的前世今生 | 傅杨荣 | 胡在龙 魏昌欣 吕昭英<br>黄武轩 吴 迪 何玉生 | 编著 |

| 责任编辑：舒立霞 | 责任校对：何澍语 |

| 出版发行：中国地质大学出版社(武汉市洪山区鲁磨路388号) | 邮政编码：430074 |
| 电　　话：(027)67883511　传　真：(027)67883580 | E-mail:cbb@cug.edu.cn |
| 经　　销：全国新华书店 | http://cugp.cug.edu.cn |

| 开本：889毫米×1 194毫米　1/32 | 字数：147千字 | 印张：4.625 |
| 版次：2021年5月第1版 | 印次：2021年5月第1次印刷 |
| 印刷：武汉中远印务有限公司 | |
| ISBN 978-7-5625-5017-4 | 定价：46.00元 |

如有印装质量问题请与印刷厂联系调换

# 序

  海南热带雨林是世界热带雨林的重要组成部分,是热带雨林和季风常绿阔叶林交错带上唯一的"大陆性岛屿型"热带雨林,是我国分布最集中、保存最完好、连片面积最大的热带雨林,拥有众多海南特有的动植物种类,是全球重要的种质资源基因库,是我国热带生物多样性保护的重要地区,也是全球生物多样性保护的热点地区之一。同时,雨林内拥有丰富多样的地质遗迹资源,有神秘的火山地貌,有造型各异的侵入岩地貌,有飞珠溅玉的瀑布地貌,还有怪石嶙峋的岩溶地貌,这些地质遗迹见证着海南热带雨林的地质历史和地质变迁。地质遗迹及其所构成的地质环境,是热带雨林生物多样性的基础,是热带雨林自然资源和自然环境极其重要的组成部分,控制着热带雨林内高山、峡谷、丘陵、洞穴、河流的形成和演化,对热带雨林生物的分布以及社会文明的发展都有深远的影响,代表了这个地区的地质历史及演化过程。因地质内外营力造就的雄峰峻岭、溶洞、瀑布等地貌类地质遗迹成为动植物繁衍生息的内在"骨架",而动植物又和地形地貌互为一体,构成美丽的雨林画卷,与周边人文景观相得益彰。

  设立海南热带雨林国家公园是海南国家生态文明试验区这一战略定位的重要抓手,海南省委省政府高度重视热带雨林国家公园建设,将其作为海南生态文明建设关键中的关键。为此,在海南省海洋地质资源与环境重点实验室和海南省地质调查院的资助下,编著者牵头利用"海南省2018年度新世纪百千万人才工程国家级人才资金",策划开展"《海南热带雨林国家公园地质遗迹的前世今生》科普图书编撰和出版"项目,支撑服务海南热带雨林国家公园建设。

本书着力探索海南热带雨林国家公园内地质遗迹成因及演化过程,叙述地质遗迹的古今,用缤纷靓丽的图片配以活泼优美的文字,向读者深入浅出地介绍这些地质奇观及其丰富的地学内涵,让读者在美的享受中领略到大自然的鬼斧神工,将热带雨林公园优美的自然景观、丰厚的文化底蕴融入赋予科学内涵的地质景观之中,真实地体现人与自然的和谐统一。

编著者

2020年8月

# 目　录

绪　言 …………………………………………………001

上篇　前世 ……………………………………………007

第一章　海岛雏形 ……………………………………009

　　第一节　最古老的岩石 …………………………010

　　第二节　抱板群沉积环境 ………………………011

　　第三节　海南岛雏形的形成 ……………………012

第二章　远古海洋 ……………………………………013

　　第一节　奥陶纪海洋 ……………………………014

　　第二节　志留纪海洋 ……………………………014

　　第三节　石炭纪海洋 ……………………………018

　　第四节　二叠纪海洋 ……………………………020

第三章　岩浆之海 ……………………………………023

　　第一节　海西期—印支期岩浆活动 ……………025

第二节　燕山期岩浆活动 …………………… 027

## 第四章　沧海桑田 …………………………… 029

第一节　三叠纪造山运动 …………………… 030

第二节　白垩纪断陷成盆 …………………… 031

第三节　新生代隆起成山 …………………… 033

## 第五章　史前文明 …………………………… 035

第一节　钱铁洞遗址 ………………………… 036

第二节　皇帝洞遗址 ………………………… 039

# 下篇　今生 …………………………………… 041

## 第六章　岩溶奇观 …………………………… 043

第一节　仙安石林岩溶地貌 ………………… 044

第二节　俄贤岭岩溶地貌 …………………… 048

第三节　南尧河十里画廊岩溶地貌 ………… 052

第四节　皇帝洞岩溶地貌 …………………… 053

第五节　钱铁洞岩溶地貌 …………………… 059

第六节　猕猴洞岩溶地貌 …………………… 061

第七节　大千龙洞岩溶地貌 ………………… 064

第八节　岩溶洞穴地质遗迹成因 …………… 067

## 第七章　峰峦叠嶂 …………………………… 071

第一节　尖峰岭侵入岩地貌 ………………… 072

第二节　吊罗山侵入岩地貌 ………………… 076

第三节　黎母岭侵入岩地貌 ………………… 080

第四节　五指山火山岩地貌 ………………… 085

## 第八章　奇峰异石 …………………………… 091

第一节　七仙岭碎屑岩地貌 ………………… 092

第二节　神龟岭碎屑岩地貌 ………………… 096

第三节　鹦哥咀碎屑岩地貌 ………………… 098

第四节　南开石壁碎屑岩地貌 ……………… 099

## 第九章　海南水塔 …………………………… 101

第一节　大江大河 …………………………… 102

第二节　瀑　布 ……………………………106

第十章　热带雨林人文风情 ……………………115

第十一章　绿水青山就是金山银山 ……………121

　　第一节　植物资源 …………………………122

　　第二节　动物资源 …………………………123

　　第三节　天然氧吧 …………………………126

　　第四节　保护历史 …………………………127

　　第五节　建设海南热带雨林国家公园意义 …………131

主要参考文献 ……………………………………134

后　记 ……………………………………………137

# 绪 言

海南热带雨林国家公园位于海南岛中南部，地处东经108°44′32″—110°04′43″，北纬18°33′16″—19°14′16″，东起万宁市南桥镇，西至东方市板桥镇，南至保亭县毛感乡，北至白沙县青松乡，跨五指山、琼中、白沙、昌江、东方、保亭、陵水、乐东、万宁9个市（县）39个乡镇，面积4 403km$^2$（约占海南岛的1/7）。区内有海榆中线公路、海南中线高速，邻区有海榆东线、海榆西线、环岛高速、万洋高速、环岛高铁通过，以此为主要交通干线还辐射出次一级公路，构成陆路交通网络（图0-1）。区内森林面积4 207.68km$^2$，森林覆盖率95.56%，大部分为原始森林，植被茂密，人迹罕至，山陡沟深，通行十分困难。

海南热带雨林国家公园地处热带，属热带季风气候，高温多雨为主要气候特征，干湿季节明显。年平均气温在23℃左右，四季温差变化不大，气温最低为1月份，最高为7月份，极端最低气温-1.5℃，出现于五指山、鹦哥岭等中部山区。昼夜温差也较小，一般小于10℃，最大温差20℃。一般5—10月为雨季，占全年降雨量的80%~90%，11月至次年4月为旱季，降雨量占全年降雨量的10%~20%。夏秋多热带风暴及台风，年均受影响8~9次，虽能给该区带来一定的降水，但其破坏力往往也较大。

海南热带雨林国家公园
地质遗迹的 **前世今生**

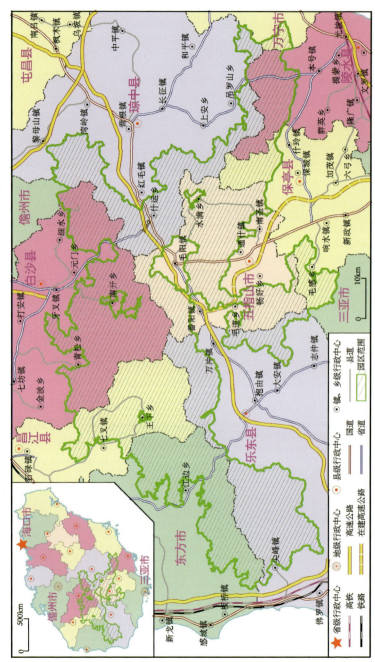

图0–1 园区交通位置示意图

## 绪言

海南热带雨林国家公园区地势中部高、四周略低,以中部五指山(海拔1 867m)为中心,向四周逐渐降低,由中山过渡为低山丘陵。五指山、鹦哥岭、猴猕岭、尖峰岭、霸王岭、黎母山、吊罗山等著名山体均在其范围内,被称为"海南屋脊"。

海南热带雨林国家公园区内地形起伏大,沟谷纵横,水系发育。水系一般源短流急,常暴涨暴落,是海南岛三大水系南渡江、昌化江、万泉河的发源地,被誉为"海南水塔"。区内还有许多水库分布,蓄水量较大的主要有大广坝水库和小妹水库等。

海南岛以东西向九所-陵水断裂带为界,北侧划分为羌塘-扬子-华南板块的华南新元古代—早古生代造山带,南侧划分为菲律宾海板块的南海陆块三亚被动陆缘。前者又以王五-文教断裂带为界,北侧进一步划分为雷琼裂谷,南侧进一步划分为五指山岩浆弧。海南热带雨林国家公园位于五指山岩浆弧内。区内地质情况较为复杂,主要经历了抱板期基底形成、加里东期块体多阶段裂解沉陷、海西期—印支期块体碰撞与隆起、燕山期陆内断块活动,以及喜马拉雅期构造剥蚀等漫长而复杂的地质构造演化过程,造就了由不同地质时代沉积作用、构造运动和岩浆活动形成的独特而复杂的地质特征。园区内出露地层分别为中元古界长城系,古生界奥陶系、志留系、石炭系、二叠系,中生界三叠系、白垩系(包括火山岩地层),以及新生界第四系,出露总面积约1 843km$^2$,约占园区面积的41.85%。园区内侵入岩分布面积约2 560km$^2$,约占园区面积的58.15%,包括海西期—印支期以及燕山期侵入岩,尤以三叠纪最发育,分布最广泛,岩石类型以二长花岗岩、正长花岗岩为主。区内构造主要有东西向尖峰-吊罗断裂带,北东向乐东-西昌断裂带、南好断裂带,北西向石门山断裂带、白沙-陵水断裂带、儋县-万宁断裂带和南北向琼中、琼西南北构造带等构造体系(图0-2)。

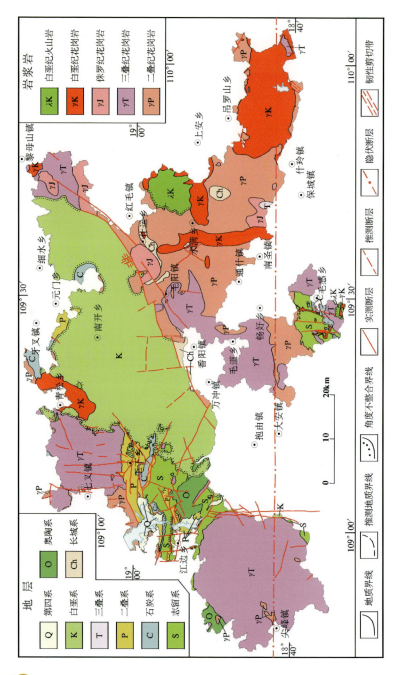

图0-2 园区地质简图

在漫长的地质历史演变过程中,由于内外力的地质作用,园区内形成了丰富的地质遗迹资源,根据中国地质调查局《地质遗迹调查规范》(DZ/T 0303—2017)的地质遗迹类型划分方案,结合前人地质遗迹调查资料,园区内已知的地质遗迹划分为两大类4类6亚类共21处,分布见图0-3。

# 海南热带雨林国家公园
## 地质遗迹的 前世今生

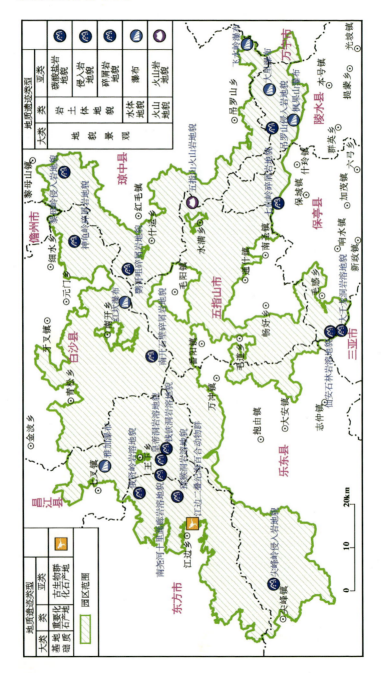

图0-3 园区地质遗迹分布图

上篇 前世

# 第一章 海岛雏形

# 海南热带雨林国家公园地质遗迹的前世今生

海南热带雨林国家公园位于海南岛中部山区,包含了海南岛主要山脉——黎母岭山脉和五指山山脉的主体部分。园区出露的岩石时代从中元古代长城纪直至新生代第四纪。目前已知最古老的岩石距今已有16亿年。那么16亿年前,园区乃至海南岛又是什么样的呢?地质科学有一个重要的理论——将今论古,就是指在地质研究过程中,通过各种地质事件遗留下来的地质现象与结果,利用现在地质作用的规律,反推古代地质事件发生的条件、过程及特点。要想知道16亿年前的海南岛是什么样子,就要先了解一下海南岛最古老的岩石,通过这些岩石信息,回到16亿年前的海南岛。

## 第一节　最古老的岩石

海南岛最古老的岩石由一套中深变质的混合岩类、片麻岩类、片岩类及石英岩类组成,前人称之为抱板群,包括下部的戈枕村组和上部的峨文岭组,主要出露于昌江、琼中及屯昌等地。钻孔资料显示,海南岛北部的海口、儋州等地也有抱板群隐伏分布(图1-1)。园内抱板群分布于琼中黎族苗族自治县(简称琼中县)什运地区和五指山市保仑村一带。

自从夏邦栋等(1979)首次命名抱板群以来,它的时代归属及区域

图1-1　海南岛抱板群分布示意图

对比始终争论不休。由于抱板群岩石变质程度较深，已达低角闪岩相至高角闪岩相，因此缺乏古生物化石资料，其时代确定主要（或仅能）依靠同位素年龄数据。但因采样岩性、地点及实验方法等的差异，前人不同时期获得的年代学数据存在一定的差异。据《中国区域地质志·海南志》资料，在总结前人年龄数据的基础上，本书根据戈枕村组与峨文岭组之间的自然叠覆关系，将戈枕村组年龄限定于距今18亿～16.37亿年，将峨文岭组年龄限定于距今16.37亿～14.20亿年。

## 第二节　抱板群沉积环境

戈枕村组岩性以（混合质）黑云斜长片麻岩、混合片麻岩、混合岩为主。岩石地球化学资料显示，海南岛西部抱板地区的戈枕村组原岩主体为钙碱性火山岩，属于一套中酸性火山岩建造，成分大体相当于英安质岩和石英安山岩（熔岩和凝灰岩），具有现代岛弧或陆缘弧火山岩系的特征（马大铨等，1998）；中部中建农场一带的戈枕村组岩石，地球化学成分显示其原岩性质较为复杂，总体可能是以中酸性火山岩为主，局部夹有杂砂岩类以及泥岩等，形成环境为活动大陆边缘或岛弧构造；中部上安地区及南部峨文岭、大蟹岭等地的戈枕村组，下部原岩主要为中基性火山岩，上部原岩主要为中酸性火山岩，总体上构成单峰式的高钾钙碱性玄武岩-玄武安山岩-英安岩组合，初步判断它们形成于岛弧环境。

峨文岭组岩性主要为片岩和石英岩组合，原岩可能为泥岩、砂质泥岩、砂岩，片岩常分布有自形—半自形的含硼电气石，少量岩石见石墨分布，表明原岩形成于海相还原环境。许德如等（2002）认为，峨文岭组具有大陆岛弧和安第斯型陆缘沉积特点，白云母石英片岩类具有陆缘沉积的特点，石英二云母片岩类具有大洋岛弧沉积的特点，两者稀土元素分布模式基本相似，重稀土元素亏损，轻稀土元素富集，是在统一的扩张弧后（或弧间）盆地沉积的产物，形成于陆相往海相过渡的古沉积环境。

综上所述，戈枕村组可能形成于陆缘弧裂解环境，峨文岭组属于裂解背景下的延续，沉积了一套具有韵律性层理的砂、泥质岩,随着裂解的加深,局部出现来源于亏损地幔的低钾拉斑玄武岩。

## 第三节 海南岛雏形的形成

现有资料显示,中国境内(尤其是华南地区)的中元古代造山带形成时间集中于10亿~8亿年前(李江海等,1999;Li,1999),缺乏14亿年前造山作用的记录,而劳伦大陆南部(北美西部)则普遍存在中元古代构造-岩浆活动事件(Nyman et al.,1994)。海南岛中元古代可能与劳伦大陆(北美西部)具有更高的亲缘性。

根据前人对海南岛中元古代所处大地构造位置的研究,原始海南岛形成模式可能是:18亿~14亿年前,在区域拉张应力环境下,劳伦大陆西部边缘岛弧发生中酸性火山喷发,形成了海南岛的雏形,然后在扩张弧后(或弧间)盆地接受了海相沉积;约14亿年前,区域应力场由拉张转变为挤压,早期形成的中酸性火山岩和砂、泥质岩石,在抱板运动的影响下发生局部重熔,形成以片麻状二长花岗岩为主体岩性的壳源型钙碱性花岗岩体。14亿年前发生中酸性岩浆侵入,并导致岩石发生角闪岩相—麻粒岩相的区域变质和混合岩化。海南岛的原始陆壳经过中元古代花岗岩的变质变形改造,形成了以高温变质和高度塑性变形为特色的中元古代结晶基底,海南岛基底陆壳由此形成(图1-2)。

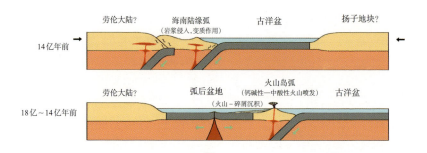

图1-2 原始海南岛的形成过程示意图

# 第二章　远古海洋

海南岛结晶基底形成之后,又发生了多次地壳裂解和地壳隆升,时而汪洋大海,接受沉积;时而隆起为陆,风化剥蚀。海南热带雨林国家公园内的岩石则记录了奥陶纪至二叠纪的古海洋沉积历史。

## 第一节　奥陶纪海洋

海南热带雨林国家公园内冲俄苗一带分布着一套形成于奥陶纪(距今4.85亿~4.43亿年)的岩石,岩石地层单位划归为奥陶系南碧沟组,其岩性为一套浅变质碎屑岩夹变质基性火山熔岩、变质基性火山碎屑岩的岩石组合。浅变质碎屑岩以颗粒较细、成分单一的石英碎屑为主,胶结物多为泥质,主要为杂基支撑,反映其环境总体上处于较深水活动地带,中期虽有变浅,但大部分时期处于半氧化—还原条件的陆棚或陆棚边缘次深海环境。

## 第二节　志留纪海洋

经奥陶纪地壳震荡性隆升后,园区内早志留世(距今4.43亿~4.33亿年)在江边、毛感一带沉积了陀烈组、空列村组、大干村组、靠亲山组、足赛岭组等岩石。

陀烈组岩性下段为变质石英细砂岩、绢云母板岩夹灰岩透镜体,原岩为富含泥质潮下低能带形成的产物。下部为成熟度较高的变质石英砂岩、石英岩,层厚大,发育变余水平层理,为浅海陆棚环境的产物,往上粉砂质绢云母千枚岩增多,即砂质泥岩逐渐增多,发育变余粒序层理、变余水平层理,大体上可以达到陆棚边缘靠近斜坡附近,这说明下段开始时水体较浅,随着时间推移,往上水体逐渐加深。中段以碳质绢云母板岩为主,夹变质粉砂岩及深灰色绢云母板岩,产几丁虫及孢粉化石。中段突出的特征是颜色暗,主体为灰白色—灰黑色,含较多碳质,显示为深水滞流缺氧沉积条件,具有与大陆斜坡有一定距离的深海平原环境特点。上段为绢云母板岩夹变质粉砂岩条带,岩石以浅灰色、灰白色,不含碳质与中段区分,说明海水已趋于变浅,陆源物质增多。综上所述,陀烈组下段为浅海陆棚相沉积,中上段为深海—半深海相沉积,整个陀烈组经历了由浅变深,再由深变浅的环境变迁过程。

空列村组岩性底部为石英岩,往上为绢云母板岩与绢云母石英粉砂岩互层,夹结晶灰岩,产珊瑚、海绵化石。原岩为滨海相沉积的石英砂岩,往上原岩为含泥质的粉砂岩,岩石颗粒变细,泥质较多,并夹有少量碳酸盐岩透镜体,说明水体由浅变深,为远滨相潮下高能环境形成。

大干村组岩性以青灰色薄层板岩、粉砂质板岩为主。顶部为灰色中厚层结晶灰岩,产珊瑚化石;底部为灰色—灰黄色复成分砾岩,具粒序层理。此组自下而上为退积型沉积序列,属滨海—浅海沉积环境。

靠亲山组仅分布于南好地区,一段是一套由板岩、石英粉砂岩及石英岩组成的具水平层理及类复理石韵律结构的浅海陆棚远岸细粒碎屑岩沉积,产三叶虫、腕足类、腹足类和海百合茎化石。二段岩性为深灰色—灰黑色薄至厚层状含泥质生屑灰岩、结晶灰岩,产珊瑚、三叶虫、腕足类、腹足类等化石,水体变浅,属浅海陆棚近岸沉积。地质遗迹仙安石林岩溶地貌就发育于靠亲山组灰岩中。

足赛岭组也仅分布于南好地区,一段岩性为千枚岩、含碳质千枚岩,属滨海—浅海沉积环境;二段岩性为灰白色结晶灰岩,近中部夹薄层或条带状硅质泥岩,偶见珊瑚化石及腕足类化石,属浅海沉积环境;三段岩性为千枚岩、粉砂岩,偶夹中细粒石英岩,属滨海—浅海沉积环境;四段岩性以粉砂岩夹泥岩为主或呈不等厚互层状产出,间夹1~2m厚薄至中层状石英砂岩,属滨海—浅海沉积环境。地质遗迹大千龙洞岩溶地貌就发育于足赛岭组灰岩中。

早志留世(距今4.43亿~4.33亿年)是海南早古生代沉积盆地发展成型和闭合的重要地质时期。根据以上分析,其沉积环境及其演变可概述如下:

陀烈组沉积早期(下段),为砂质岩沉积,相对奥陶纪盆地晚期沉积而言,此时盆地已有所隆升,进入浅海陆棚沉积环境。陀烈组沉积中期(中段),海水快速海侵,水体变深,进入与大陆斜坡有一定距离的深海平原沉积环境。陀烈组沉积晚期(上段),盆地再次隆升,水体有所变浅,进入半深海陆坡沉积环境(图2-1)。

随后盆地快速隆升,水体迅速变浅,造成空列村组—足赛岭组沉积时本区在绝大部分时间里为滨岸

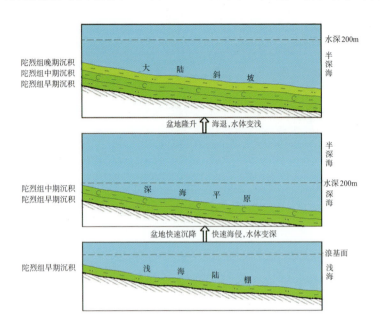

图2-1 园区志留系陀烈组沉积演化模式示意图

沉积环境,其间出现过间歇性海平面升降,短期内形成了浅海沉积环境。具体演变为(图2-2):空列村组沉积早期为滨海相砂质岩沉积,随着海侵,水体加深,空列村组沉积晚期为远滨沉积环境。大干村组沉积早期,盆地快速隆起,海水快速退却,水体变浅,为滨岸沉积环境。随后又快速海侵,水体变深,至大干村组沉积中晚期为浅海沉积环境。至靠亲山组沉积时期,海侵缓慢,水深

小幅变化,总体维持在浅海陆棚沉积环境。至足赛岭组沉积时期,海水开始慢慢退却,水体逐渐变浅,沉积环境再次为滨海—浅海沉积环境。随着海退的开始,至早志留世晚期(?),海水全部退出,缺失中、晚志留世沉积,早古生代海侵结束。海退的发生与加里东运动第四幕有关,加里东运动第四幕可能具有造山性质,使海南岛全面隆升为陆。

# 第二章 远古海洋

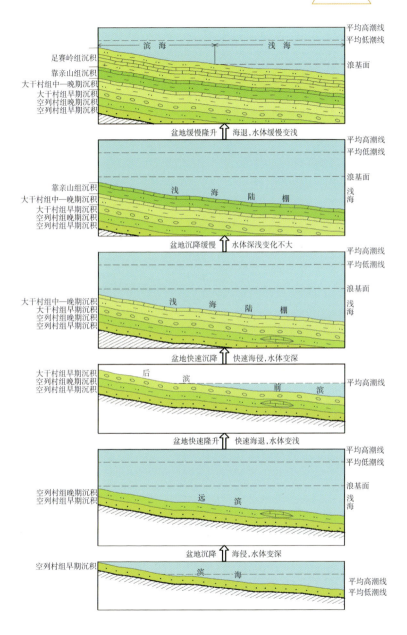

图2-2 园区志留系空列村组—足赛岭组沉积演化模式示意图

## 第三节　石炭纪海洋

加里东运动后海南岛上升为陆，经历了一段时间的风化剥蚀后，地壳再次下沉，海水入侵，园区开始了石炭纪（距今3.58亿~2.98亿年）南好组和青天峡组的沉积历程。

南好组分布于园区保亭县毛感乡南好地区、东方市江边乡和昌江黎族自治县（简称昌江县）王下乡一带，其中南好地区是层型剖面所在地。此组底部岩性为砾岩、含砾不等粒石英砂岩，砾石磨圆度较好，以次磨圆者和磨圆者占优势，这是滨岸砾石的特征。这些砾石的磨圆度反映出砾石经较长距离的搬运，经过了岸流作用，是沿海盆边缘滨岸相带沉积。往上岩性主要为石英砂岩、砂岩与板岩、粉砂质板岩呈不等厚互层并夹少量粉砂岩，顶部为细砂岩与板岩呈薄层互层，其原岩由中—低能沉积产物细砂岩、粉砂岩和静水—低能沉积产物泥岩、粉砂质泥岩、泥质粉砂岩组成，其特点是每一种沉积物在剖面上都没有独立组成厚度很大的地层，即沉积环境水能量变化频繁，代表一定水深、一定能量的沉积环境都不能连续地持续很长时间，海平面波动频繁，但变化不大，沉积环境始终在浪基面上下一定范围内变化波动，属于滨浅海环境。南好组地层中产腕足类、双壳类、头足类、苔藓虫化石。

青天峡组分布于东方市江边乡和昌江县王下乡一带，其岩性为板岩、砂质板岩与石英砂岩不等厚互层，底部为细砂岩夹板岩、条带状结晶灰岩。原岩为一套滨岸至远滨相碎屑岩夹碳酸盐岩。

根据以上沉积环境分析，园区内石炭纪总体的沉积演化是（图2-3）：早石炭世早期（南好组），地壳进入缓慢的沉降时期，海侵自西北向南东推进，区内最早接受的沉积物多以石英质细砾、不等粒石英砂为主，属滨岸沉积环境。随着海侵继续，水体慢慢变深，沉积物以砂、泥质为主，属滨海—远滨沉积环境。晚石炭世沉积（青天峡组）时，区域上海侵进一步扩大，海域变得更广，海水普遍变深，原海中"陆岛"亦没入海水之下，王下地区处于远滨—浅海

第二章 远古海洋

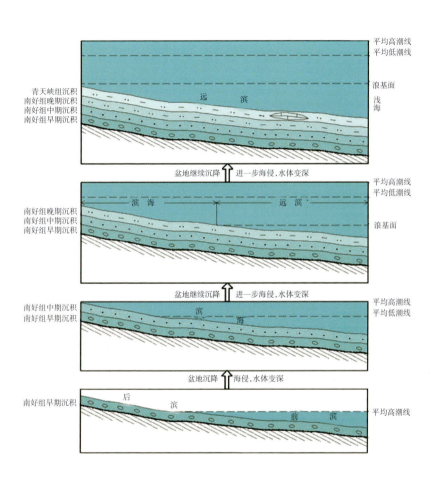

图2-3 园区石炭纪沉积演化模式示意图

沉积环境，以远岸带的泥质岩、细砂岩夹碳酸盐岩沉积类型最为发育，岩层为中薄层状，偶见水平层理，靠滨岸带一侧底栖类型的双壳类生物极为繁盛。

## 第四节　二叠纪海洋

区内二叠系是在继承石炭系基础上随着海侵进一步的发展而逐步沉积的,为一套碎屑岩夹碳酸盐岩组合,包括峨查组、鹅顶组和南龙组。

峨查组分布于东方市江边乡和昌江县王下乡一带,与下伏青天峡组为连续过渡沉积,分界线上下的岩性变化十分明显。下伏青天峡组顶部为灰色板岩夹灰色中厚层状石英砂岩或者两者互层,上覆峨查组底部为灰色、深灰色含生物屑微晶灰岩夹硅质岩。峨查组岩性以石英砂岩与板岩、砂质板岩呈不等厚互层状为主,顶部以细砂质板岩的消失与上覆鹅顶组生屑灰岩分界,产腕足类、牙形石、蜓类及海百合茎化石。根据以上岩性可知原岩沉积物以砂泥质为主,交替叠覆出现,底部为碳酸盐岩,为潮下中—低能砂泥质、碳酸盐岩沉积,属于滨浅海沉积环境。

鹅顶组主要分布于昌江县王下、俄贤岭和东方市东风林场一带,岩性标志明显,界线清晰,主要由浅灰色、灰色、深灰色、灰黑色中厚层至块状微晶生物碎屑灰岩、含燧石条带(或结核、团块)微晶生物碎屑灰岩、含生物碎屑微晶灰岩、含燧石微晶灰岩、含白云质生物碎屑微晶灰岩等组成,富产蜓类、腕足类、有孔虫、海百合茎化石。这种大面积的碳酸盐岩主要形成于较开阔的缓坡型浅海陆棚。碳酸盐岩类经风化剥蚀后形成峰林丛生、秀丽而壮观的岩溶地貌,园区俄贤岭岩溶地貌、南尧河十里画廊岩溶地貌、皇帝洞岩溶地貌、钱铁洞岩溶地貌、猕猴洞岩溶地貌等地质遗迹均发育于二叠纪鹅顶组灰岩中。

南龙组分布于东方市江边乡青天峡谷一带,岩性组合特征可分为上、下两个岩性段。下段岩性以灰色、深灰色中厚层状粉砂质泥岩,含钙质粉砂质泥岩为主,底部含粉砂质结核,上部夹粉晶白云岩,中上部富含头足类化石。下段岩性反映当时沉积物以泥质为主,含钙质,下部含粉砂质结核,上部夹碳酸盐岩,属于浅海陆棚边缘盆地沉积环境。上段岩性由灰色中厚层状中—细粒长石岩屑砂岩、细粒长石岩屑砂岩夹含生物碎屑含砾含钙质中—细粒岩屑砂岩、粉砂质泥岩组成,产丰富的海百合茎、腕足类、蜓类、双壳类、腹足类及植物等海、陆相化石。上段岩性反映当时沉积物由中—细粒石英砂、岩屑、长石以及石英质砾石等构成,生物化石以盛产底栖类型蜓类、腕足类、海百合茎等为特征,植物碎屑异常丰富,两者混合埋藏,一般保存不好,代表潮间中等能量沙滩沉积,综上其沉积环境为滨岸沙滩沉积。

根据以上沉积环境分析,园区内二叠纪总体的沉积演化是(图2-4):随着石炭纪之后海侵逐步发

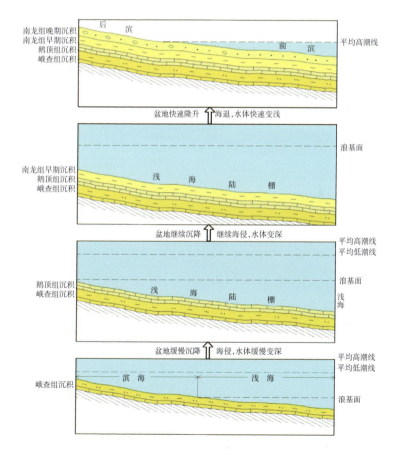

图2-4 园区二叠纪沉积演化模式示意图

展,早二叠世早期(距今约2.99亿年)处于近岸浅海沉积环境,发育一层碳酸盐岩,分布较为连续,相对稳定,呈近东西向展布。随后盆地有所隆升,水体有所变浅,以砂泥质沉积类型为主,交替叠覆出现,属于滨浅海沉积环境。中二叠世早期(距今约2.72亿年),海侵范围扩大,发育了一套浅海陆棚相缓坡型碳酸盐岩沉积。中二叠世晚期(距今约2.65亿年),海侵继续发展,海水进一步加深,发育浅海陆棚边缘盆地相泥质岩沉积。晚二叠世(距今约2.6亿年),是最大的海退高潮时期,水体从南向北逐步变浅,海域面积进一步缩小,水深变浅,发育由中—细粒石英砂、岩屑、长石以及石英质砾石等构成的滨岸沙滩相沉积。晚二叠世中晚期,发生了大规模的海退,到晚二叠世末期园区西部江边地区可能露出海平面,上升为陆,从而结束了本区海相沉积历程。

# 第三章　岩浆之海

岩浆是地壳深部或上地幔物质经部分熔融而产生的炽热熔融体,其成分以硅酸盐为主,可含少量碳酸盐、氧化物等,并溶解有水、二氧化碳、氟、氯、硼、硫等易挥发的组分,温度一般为700~1 200℃。岩浆在构造运动或其他内力的影响下,可以沿着地壳薄弱地带侵入地壳或喷出地表,经冷却固结后形成各种火成岩(图3-1)。

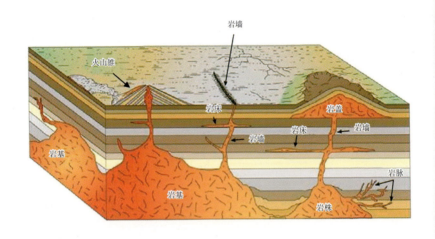

图3-1 火成岩产状示意图
(据http://dy.163.com/v2/article/detail/DPIR2B210511BOQ6.html,有改动)

海南热带雨林国家公园内火成岩主要分布在东部、西部和南部,是国家公园内侵入岩地貌亚类、火山岩地貌亚类地质遗迹的分布区域,亦是瀑布亚类地质遗迹的主要产出区域,总面积2 646km²,约占公园面积的3/5。其中,以在地壳深处冷凝和结晶形成的侵入岩占主导地位,其面积为2 560km²;由地表或非常接近地表的火山作用所形成的火山岩的面积约为86km²。海南热带雨林国家公园内岩浆活动主要发育于海西期—印支期和燕山期,形成了海西期—印支期火成岩和燕山期火成岩。

# 第一节　海西期—印支期岩浆活动

始于距今2.99亿~2.87亿年的海西-印支运动,导致印度-澳大利亚板块向华南板块的碰撞拼贴,标志着东古特提斯洋北支的闭合。伴随着东古特提斯洋北支的闭合和印度-澳大利亚板块向华南板块的碰撞拼贴,海南岛发育大量的海西期—印支期侵入岩,不同岩石单位之间没有大的年龄间断,并且从早到晚符合造山岩浆岩的演化规律,为同一次构造-岩浆热事件的产物。公园东部、西部和南部分布大面积海西期—印支期火成岩,岩性主要为二长花岗岩、正长花岗岩,含少量闪长岩、二长岩和辉长岩,形成于距今2.99亿~2.00亿年,形成构造环境可分为活动陆缘、同碰撞和后碰撞3个阶段(图3-2)。

(1)活动陆缘阶段:在距今2.99亿~2.87亿年的早二叠世,岩浆活动发生于板块碰撞拼贴早期,古特提斯洋壳向华南板块的继生性俯冲,导致热软流圈物质上涌,在园区西部乐东县尖峰岭一带形成了一系列基性至中酸性的小侵入体,岩性主要为辉长岩、闪长岩-石英闪长岩等。

(2)同碰撞阶段:在距今2.87亿~2.50亿年的早二叠世中晚期至晚二叠世,印度-澳大利亚板块向华南板块俯冲,板块碰撞后大陆岩石圈持续俯冲引起软流圈物质上涌,在园区东部五指山市初保村一带形成少量EM2型富集岩石圈地幔来源的钾玄岩;其后板块的碰撞挤压导致岩石圈加厚引起富集地幔的熔融,幔源岩浆底侵和地壳挤压增厚导致地壳大规模重熔和壳幔物质混合,在园区东部及南部发育了大量壳幔混合型花岗岩和一些壳源重熔型的强过铝质花岗岩。这些侵入体的接触面与围岩片理和谐,岩石普遍具有同侵位韧性变形构造,走向与区域海西期变形构造线方向一致,都为北东—北东东向,岩石中普遍见有同构造花岗岩的标型结构——微粒交生体,这些都指示它们形成于碰撞挤压环境(谢才富,2002)。

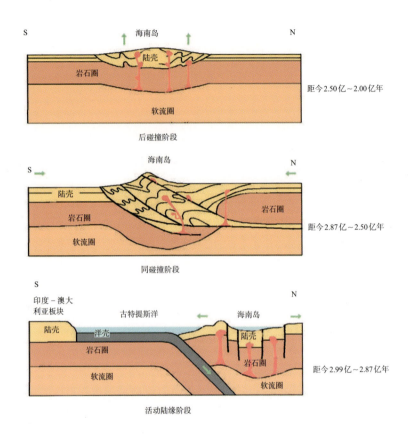

图3-2 海西期—印支期构造环境示意图

(3)后碰撞阶段：于距今2.50亿~2.00亿年的三叠纪转入了后碰撞构造-岩浆演化阶段，这一时期受后碰撞抬升作用影响，区内发育了大量壳幔混合型花岗岩（园区西北部、东北部）、壳源型花岗岩（园区西南部）和A型花岗岩（园区南部及东部邻区）、铁镁质岩（东部邻区）等。这些岩体形态与围岩构造多不和谐，形成"不整合"岩体。

## 第二节　燕山期岩浆活动

经历强烈的海西期—印支期造山作用后,园区在距今2.00亿~1.75亿年进入构造-岩浆平静期。这一时期构造活动、岩浆作用微弱,沉积作用也缺失,是本区乃至华南从特提斯构造域向滨太平洋构造域转折的时期。

距今1.75亿~1.50亿年的早燕山期,此时园区范围内爆发了属于另一个构造域(滨太平洋构造域)、另一个构造旋回的强烈构造-岩浆活动。因古太平洋板块的俯冲,区内乃至中国东部岩石圈减薄,发生减压部分熔融,区内发育钾玄岩系列的铁镁质岩-正长岩以及壳幔混合型花岗岩。之后,园区进入岩浆活动平静期。

距今1.10亿~0.90亿年的晚燕山期,由于太平洋板块后撤引起的弧后拉张,园区东部发育单峰式高钾钙碱性—中酸性火山岩(五指山地区)、壳幔混合型高钾钙碱性花岗岩(吊罗山地区)(图3-3)。

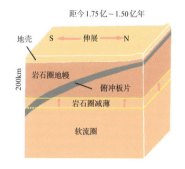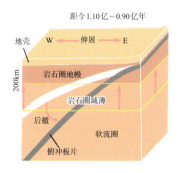

图3-3　古太平洋板块俯冲示意图(据孙卫东等,2008)

# 第四章 沧海桑田

海南岛地形地貌是中间高耸、四周低平，以五指山、鹦哥岭为高耸的中心，向四周逐渐降低，由山地、丘陵、台地、平原构成的环形层状地貌。海南岛及园区在地质发展史上并非都是如此的地形地貌，而是经历了中生代、新生代翻天覆地、沧海桑田的变化过程。

## 第一节　三叠纪造山运动

在二叠纪末—三叠纪初之前，海南岛并不是现今的模样，它仅仅是散落在海洋（古特提斯洋东段）中的几个孤岛或者块体。三叠纪（距今2.5亿~2亿年）印支运动继承了晚古生代海西运动特点，表现为造山运动和大规模的岩浆侵位及山前盆地形成。造山运动表现为汪洋大海上升为陆地，并使古生代时期沉积的岩层产生变形、褶皱、隆起，全面露出水面。由于岩层受到了强大的挤压而断裂，在强大的地应力和热力作用下，区内相当大部分地区原来沉积的岩层重熔，形成了原地—半原地重熔型花岗岩，从而造就了侵入岩地貌，主要分布于尖峰岭、霸王岭及黎母岭一带。同时在山前形成盆地，但是之后多期次岩浆活动的侵蚀以及抬升后的剥蚀，导致三叠纪沉积盆地被分离肢解，呈残留状出露，在园区南部保亭县七仙岭一带，沉积了陆相砂岩、砾岩，为七仙岭碎屑岩地貌提供了物质基础。而园区外出露于定安县翰林镇、琼海九曲江镇一带沉积的岩石，以灰色—灰绿色粉砂质泥岩、泥岩、含钙质粉砂质泥岩为主，夹薄层粉砂岩及含钙质粉砂岩，发育波状—水平层理、沙纹层理及龟裂纹，显示沉积水动力较弱，为浅湖—半深湖环境，泥岩中产丰富的植物和孢粉化石，植物化石保存较差，没有完整宽大的叶部化石和原地生长的根部化石，为异地埋藏植物群落，表明当时地表径流量较大，可能有一较大的河流注入湖区。同时，由植物群和孢粉组合的面貌及沉积物颜色反映出当时为半干旱的气候环境。

# 第二节　白垩纪断陷成盆

距今1.45亿年,华南地区特提斯构造域向滨太平洋构造域的体制转换基本完成,此后华南地区主要受滨太平洋构造域的控制。由于受古太平洋板块俯冲引起的弧后扩张带控制,发生了大规模的地壳、岩石圈伸展减薄,海南岛构造运动以断块活动强烈、此起彼伏为特点,此外诱发古老构造带重新活动,也发育新的北东—北北东向构造带。在造山运动过程中有山脉的隆起,也有与此相对应的盆地陷落,大致沿着北东方向形成一系列张性断陷陆内沉积盆地(图4-1)。园区内的沉积盆地为白沙火山-沉积盆地,盆地断陷深度在1 500~3 500m之间,局部深度可达4 000m以上。在断陷盆地内接受了一套陆相碎屑沉积,形成了下白垩统鹿母湾组和上白垩统报万组,奠定了神龟岭和鹦哥咀碎屑岩地貌的物质基础。

鹿母湾组是园区内出露面积最大的地质体(出露面积约1 176.18km²)。下部岩性以砂砾岩、含砾长石粗砂岩为主,夹泥质、铁质粉砂岩和泥岩;上部为长石石英细—粉砂岩夹钙泥质粉砂岩、粉砂质泥岩,常夹安山—英安质火山岩。

报万组岩性下部主要含长石岩屑杂砂岩,夹粉砂岩;中部为泥质粗粉砂与粉砂质泥岩不等厚产出;上部为粗中—中细粒岩屑长石杂砂岩、复成分砾岩、含砾长石粗砂岩,夹薄层泥岩、粉砂岩。

根据鹿母湾组和报万组岩性特征,推断火山-沉积盆地沉积演化是:最初在盆地底部形成厚数米的一层陆相复成分底砾岩,不整合在前白垩纪基底之上。向上变为河湖相沉积,随着时间推移,水体不断加深,变为湖相沉积。早白垩世晚期,由于古太平洋板块向北俯冲到海南古陆之下,激发地幔岩浆上升,地壳向上拱起,地应力由挤压状态变为拉张变形,在断陷盆地内发生双峰式火山岩浆喷发,地壳运动加剧,火山喷发异常强烈,到处堆满火山灰,经流水搬运形成水携凝灰岩,岩性变为紫红色安山质(玄武质)、流纹质凝灰岩,夹细砂岩、粉砂岩、泥

图4-1 海南岛白垩纪陆内沉积盆地分布图

岩。晚白垩世早期,火山活动结束,断陷盆地受地壳运动继承性下降影响,由震荡下沉变为平稳下降,致使报万组下段中下部形成紫红色、青灰色、灰黄色细粒岩屑砂岩,夹薄层粉砂岩、泥质粉砂岩、粉砂质泥岩,底部形成青灰色夹紫红色含砾粗粒岩屑长石杂砂岩。晚白垩世晚期沉积物由报万组上段冲洪积相砂砾岩组成,属近源快速沉积。到晚白垩世晚期末,地壳运动下降速度减慢,冲洪积物把盆地填满,盆地闭合。

# 第三节 新生代隆起成山

距今6 600万年,由于印度－澳大利亚板块的向北挤压和太平洋板块的北西西向运动,印度－澳大利亚板块与亚欧大陆碰撞使中国西部地壳强烈收缩增厚,东部地壳则发生断裂拉张作用,导致亚洲大陆东南边缘地壳拉张、裂陷、破碎及南海北缘北部湾海盆扩张,此次构造背景下造成海南岛从华南地块剥离出来,并且逐渐由北往南迁移,根据古地磁资料,晚渐新世时迁移到大致现在中沙群岛附近。渐新世—中新世早期,受南海中央海盆扩张的影响,海南岛又向北漂移,至第四纪南海海盆扩张停止,海南岛迁移到大致现在的位置(图4-2),同时整体

晚白垩世复原图

晚渐新世复原图

第四纪复原图

图4-2 海南岛及邻区地块晚白垩世——第四纪构造演化示意图(据于双忠,1992)

缓慢抬升，海水逐步退却，形成四周为海水的孤岛。同时造成海南岛以王五－文教深大断裂带为界，北部断陷成盆，形成一系列堑垒式断陷盆地，以及发生强烈的基性火山溢流或喷发，形成琼北新生代火山带。在地貌上琼北为新生代火山岩台地和第四纪松散堆积平原，根据沉积物的岩性及沉积岩中的动植物化石，推测海南岛为湿热的多雨环境，而位于王五－文教深大断裂以南的地区抬升，遭受风化剥蚀。海南岛南部地区地壳差异升降非常明显，其中海南热带雨林国家公园一带发生强烈的上升，同时由于岩石结构构造的复杂性、差异性及受到构造作用的影响，在太阳辐射、风化剥蚀、雨水侵蚀以及动植物等各种外动力作用下，岩石破裂，岩块崩塌，形成形态各异的地形地貌，有的形成高山、孤峰或者绝壁，有的成为裂谷和河流，组成海南热带雨林国家公园的山地、丘陵、火山台地地貌。

# 第五章　史前文明

第四纪是地球历史的最新阶段,新生代最后一个纪,始于约260万年前,包括更新世和全新世。第四纪生物界的面貌已很接近于现代,哺乳动物的进化在此阶段最为明显,而人类的出现与进化则更是第四纪最重要的事件之一。在整个第四纪,人类大致经历了4次冰期和间冰期的气候波动。人类在这种极端艰苦的自然环境和气候条件下,为着生存而忙碌奔波,为着发展与大自然搏斗。在这漫长的岁月时光里,原始人类学会了直立行走,学会了制造工具,继而一步步从野蛮、蒙昧过渡到文明时代。史前文明指的是没有文字记录之前的人类社会所产生的文化,也就是说,史前文化是一部人类尚无文字记载的历史,想要揭开古人类生活、生产的面纱,史前遗址就是最为重要的考古证明。据了解,海南史前遗址大致可以分为洞穴遗址、沙(贝)丘遗址和山坡(台地)遗址3种类型。园区王下一带是碳酸盐岩分布区,发育一些溶洞,这些溶洞为古人类提供了遮风挡雨的避所。古人类利用山岩自然洞穴,在洞内生活或埋葬死者,从而留有原生文化堆积。

## 第一节　钱铁洞遗址

钱铁洞遗址位于海南省昌江黎族自治县王下乡钱铁村旁钱铁山半山腰,分上、下两洞,洞口向东,高约12m,宽约20m,深约60m(图5-1),是旧石器时代晚期古人类生活的遗址。

1998年12月,昌江县文物考古人员发现钱铁洞遗址,当时采集的一些螺壳和碎骨头等标本,初步鉴定为新石器时代早期洞穴遗址。

2009年12月25日,中国科学院古脊椎动物与古人类研究所和海南省文物考古研究所组成野外考古队,对遗址进行了考察,新发现了一些石制品、动物化石碎片和烧骨。根据洞穴内出土的动物化石碎片和石制品的特征,初步确定该洞穴遗址的考古年代为旧石器时代晚期,地质时代可能为晚更新世。

2012年2月,由中国科学院古

第五章 史前文明

图5-1　钱铁洞外貌

脊椎动物与古人类研究所、海南省文物考古研究所和昌江黎族自治县博物馆组成的野外考古队,对钱铁洞遗址进行了考察和试掘,在下洞挖掘和采集旧石器时代的文化遗物160余件,在上洞采集了一些石片、烧骨和动物化石碎骨等。2012年12月,考古队又在遗址采集石制品41件。在发现的204件石制品中,有石核、石片、手镐(图5-2)、砍砸器(图5-3)、刮削器(图5-4)、石锤和石砧(图5-5)等。在石器中,砍砸器、石锤和石砧占很大比例(李超荣等,2013)。

　　根据目前试掘地层和石制品的文化特征,初步确定遗址的考古学

图5-2　手镐(据李超荣等,2013)

图5-3 砍砸器(据黄兆雪等,2012)

图5-4 刮削器(据黄兆雪等,2012)

图5-5 石锤和石砧(据黄兆雪等,2012)

年代为旧石器时代晚期。地质学的年代属于晚更新世晚期,距今2万年左右,与北京周口店的山顶洞遗址属于同时代,说明在约2万年前海南岛就有古人类活动。石制品的特征属于砾石文化,手镐是中国华南地区旧石器时代早期与中期的重要石器类型,在钱铁洞遗址发现的手镐,对研究我国华南地区的旧石器文化具有重要的学术意义,也为研究古人类迁移活动提供了新的重要资料。2015年11月29日,钱铁洞遗址入选海南省第三批省级文物保护单位名录。

## 第二节 皇帝洞遗址

皇帝洞遗址地处昌化江支流南尧河与洪水河交汇处南岸,洞穴由西向东延伸,洞口朝向西南,距河床高约20m(图5-6)。洞口高20m,宽23.5m;洞穴高约18m,宽30~40m,进深约265m,面积约5 700m²。

图5-6 皇帝洞遗址外貌

1984年，文物工作者在洞内发现了古代遗物，并采集有新石器时代的石刀、单肩石斧、双肩石锛等以及青铜时代的泥质红陶樽、瓮、罐和青铜器残片等。陶器纹饰有米字纹、雷纹、网格纹、绳纹等。发现的动物化石经$^{14}$C测定，其年代距今约6 540年，属新石器时代至青铜时代的洞穴遗址。1989年11月，皇帝洞被昌江黎族自治县人民政府公布为第一批县级重点文物保护单位。

下篇 今生

# 第六章　岩溶奇观

什么是岩溶,要从喀斯特(Karst)这个音译名词开始说起。喀斯特(Karst)开始是一个地理名称,即位于斯洛文尼亚北部与意大利边境地区的喀尔斯(Kars)高原,表现出与众不同的地貌景观。19世纪末,有名的南斯拉夫地理学家司威治首先把那里的奇特地貌命名为喀斯特。这个术语,起初是在欧洲,然后在世界各国都得到承认。20世纪初,"Karst"这个学术用语传入中国,在传入国内之前,这类由碳酸盐类岩石(主要是石灰石)发育成的特殊地貌一直俗称为石山,国内地质学者称其为岩溶。1966年,在中国喀斯特学术会议上,喀斯特被改称为岩溶,意指这种地形是因地表水和地下水对可溶性岩石进行长期溶蚀和侵蚀后形成的。从此,我国的教科书和学术刊物原来用喀斯特的地方被岩溶一词取代。岩溶一词虽被广泛运用,但有些学者为了和国际用语统一起来,近年来又不断使用喀斯特一词,致使岩溶和喀斯特在我国成为并用的同义词。喀斯特即岩溶,是水对可溶性岩石(碳酸盐岩、石膏、岩盐等)进行以化学溶蚀作用为主,流水的冲蚀、潜蚀和崩塌等机械作用为辅的地质作用,形成多种地表、地下奇异的景观与现象的组合。由喀斯特作用所形成的地貌,称喀斯特地貌(岩溶地貌)。

我国岩溶地貌分布区域较广,如广西、云南等地,而海南热带雨林国家公园园区也有多个岩溶地貌(碳酸盐岩地貌)亚类地质遗迹。

## 第一节　仙安石林岩溶地貌

仙安石林岩溶地貌位于海南省保亭黎族苗族自治县毛感乡千龙村,总面积0.39km²。仙安石林为灰岩经雨水淋滤溶蚀作用形成的尖状石林,为典型的针状、剑状岩溶地貌,同时又兼具有中国热带雨林岩溶地貌的显著特征,综合价值级别为Ⅰ级(世界级)。世界上仅有两处保存完好的热带雨林岩溶石林地貌,一处分布于东南亚地区的马来西亚,名为沙捞越姆鲁石林,另一处就是中国海南岛的仙安石林(图6-1)。

仙安石林中石芽及峰丛个体形

# 第六章 岩溶奇观

图6-1 仙安石林全貌

态上,顶端呈现针尖、剑尖或刀尖、锥尖状,中下部多呈现多棱角锥状,棱角分明,少见浑圆状(图6-2、图6-3)。石芽与小溶沟犬牙交错,呈环锥状、列齿状分布于山脊、洼地及山间缓丘地带,单个石芽高2m左右居多,形成片片峰丛,具有强烈的视觉冲击力(图6-4)。石林的个体形态有立、横、翘、仰、飞、挑、悬、挂等多种姿态,高大石林呈现出以各种兽类形态为主的象形石。石之怪似骆驼、似骏马、类恐龙、像虎豹、若雄鸡等(图6-5、图6-6),其立地之式或起或伏,或群或散,或

图6-2 刀尖状微地貌

图6-3 锥尖状微地貌

图6-4 峰丛

图6-5 骆驼石

图6-6 雄鸡石

耸或翘,或横或吊,彼此相映成趣,意境隽永;有如鸟、兽、仙、神的自然造型,栩栩如生,有呼之欲出之感。仙安石林形态之奇令人叹为观止,步入其中,环顾四周,仿佛置身于被雕刻大师镂空了的艺术品世界。

尖塔状石芽约占此区石芽群的78%,其中多棱角尖塔状高大石芽占绝大部分,产生这种特殊形态的原因除地质构造、岩性、岩层产状、节理裂隙外,还与此区热带雨林生态环境息息相关。仙安石林因特殊的针状、剑状、尖状等石芽形态,以及此区典型的热带雨林生态特征,被称为热带雨林针状和剑状岩溶地貌,这是对仙安石林最确切的诠释。

大气降水是仙安石林形成的重要因素。大气降水储存于灰岩溶蚀凹穴内,并沿竖向裂隙下渗,在此过程中溶解空气中的$CO_2$使水中$HCO_3^-$离子浓度增加,对灰岩产生溶蚀作用;随着气温升高,凹穴中的水被蒸干,溶蚀残留物留在凹穴表面,又一次的大气降水将残留物从凹穴中冲走,并又一次储存于凹穴内。热带雨林植物腐烂分泌后形成的有机酸对碳酸盐岩也具有较强的溶蚀作用。周而复始的大气降水,不断促使岩溶凹穴加大、裂隙加宽而相连,形成石林雏形,再由大气降水及雨林中凝结水进一步溶蚀、冲蚀,形成剑状、针状石林地貌,形成模型见图6-7。

仙安石林地下分布18个大小洞

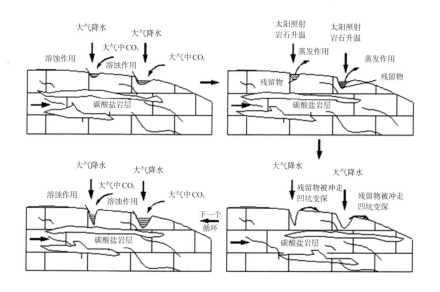

图6-7 仙安石林形成示意图(据柳长柱等,2009)

穴,其中小千龙洞(又名小仙龙洞)、地龙洞、蝙蝠洞规模较大,三洞穴中小千龙洞最具代表性。小千龙洞发育于仙安石林北部边缘的崖底及崖壁,主洞走向北北东,支洞走向北东、东西,主洞为裂隙状,洞顶逐渐收缩变窄,长约67m,高1.5~25m,宽1~5m,洞内无存水、无地下河。洞道局部较窄,曲度大,出洞口空间较大,由上至下发育3层小型洞穴,整个洞穴内化学沉积物较少,仅见石幔、贝窝(图6-8),以水流冲蚀作用形成的边槽、溶沟(图6-9)和残余岩柱为主,还可见少量溶蚀残余的刀锋石和悬吊岩。

图6-8 鳄鱼皮状贝窝

图6-9 溶沟

## 第二节 俄贤岭岩溶地貌

东方市和昌江县内的昌化江流域一带为海南岛内最主要的石灰岩分布地区,其中位于两市县交界地区的俄贤岭一带,属于东方市东河镇和昌江县王下乡管辖,1988年被海南省人民政府定为旅游风景保护区,这一带就是俄贤岭岩溶地貌地质遗迹区,综合价值级别为Ⅲ级(省级),主要有岩溶洞穴、峰丛峡谷等地貌景观。

地质遗迹景观以高度达200m以上由鹅顶组石灰岩形成的峰丛为主,峰丛呈北东向分布,犹如一巨龙直冲云霄(图6-10)。其中最高段即俄贤岭,由9个山头组成,故又称为九龙山。俄贤岭还有一段动人的民间传说,相传远古有10位仙女来到人间游玩,见这里湖水如画,风

# 第六章 岩溶奇观

图6-10 俄贤岭峰丛地貌

景美丽,不舍离开而在此安居。天上王母娘娘催令她们上天,有1个仙女奉命上天去了,其余9个仙子不舍离去,至死变成9座山峰,故俄贤岭也叫九娘山。

在俄贤岭主峰东北面的半山腰发育有一个洞穴,称之为俄贤洞(又称为九龙洞),从山下修有长约800m的栈道直达洞口。洞内有8个石厅(图6-11)。洞内地质遗迹景观主要有水蚀洞、石臼、石幕、石柱、石钟乳、石笋等

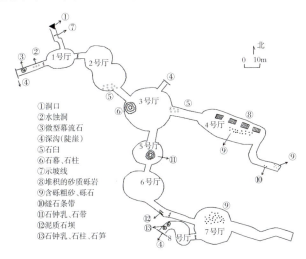

①洞口
②水蚀洞
③微型幕流石
④深沟(陡崖)
⑤石臼
⑥石幕、石柱
⑦示坡线
⑧堆积的砂质砾岩
⑨含砾粗砂、砾石
⑩燧石条带
⑪石钟乳、石带
⑫泥质石坝
⑬石钟乳、石柱、石笋

图6-11 俄贤洞平面形态及景观分布图

049

（图6-12～图6-15）。洞壁凸凹不平，各具其形，千姿百态。石厅下面流水旋转，浪折洞崖，响声轰轰，凄神寒骨，消怆幽邃。

在地质遗迹区西部河道内分布4个独立的峰丛，露出水面的高度为

图6-12 水蚀洞

图6-13 石臼

图6-14 石幕

图6-15 石柱、石钟乳、石笋

50~80m,峰丛与水体交融成一色,沿着河道两侧也都是低矮的石灰岩峰丛山脉,景色秀丽,被称为"东方小桂林"(图6-16)。

在地质遗迹区东部,峰与峰之间形成"U"形地形地貌,称之为王下乡峰丛峡谷。峡谷两侧山峰形似船帆,陡坡状倾向峡谷,海拔460~620m,长2~3km,峰丛峡谷高差多在400~600m之间,山底峡谷地势平坦,有常年性流水经过,河水弯曲回荡,清澈见底,与斑驳的灰岩石壁形成一幅风景画(图6-17)。

图6-16 "东方小桂林"

图6-17 王下乡峰丛峡谷

# 第三节 南尧河十里画廊岩溶地貌

南尧河十里画廊岩溶地貌指从皇帝洞附近至南尧河水坝沿河流发育的"U"形河谷，河谷北侧灰岩岩壁险峻陡峭，岩壁上布满青苔及灰岩蚀余红土，谷底部分被河流占据。综合价值级别为Ⅲ级（省级），具有较高的美学观赏价值和旅游开发价值。

此处南尧河北岸大体为二叠纪鹅顶组灰岩，南岸大体为志留纪空烈村组石英岩。受断裂控制和碳酸盐岩溶蚀作用，峡谷深切，南尧河北岸碳酸盐岩形成一段长约5km、高约100m的岩壁，岩壁受淋滤溶蚀后残留富含氧化铝和氧化铁的黏土矿物，因铁的含量和其氧化色而呈现黄色、红色，与岩壁上布满青苔所呈现的黑色浑然天成，构成各种图案，底下或流水潺潺，或平静如镜，山水一体，堪称十里画廊。南尧河河水清澈澄碧，倩影婆娑，山峦、蓝天、白云倒影在碧水之中，水天一色。当划船在河中游览时，感觉到自己也是这幅美丽画卷中的一部分。"水绕青山过，人在画中行"，秀美的南尧河被誉为十里画廊不为过（图6-18）。

图6-18 十里画廊优美风光

岩壁上可以观察到各种类型不一的褶皱,如斜卧褶皱(图6-19)、复合褶皱等,是一个天然的构造地质教学点。

图6-19　斜卧褶皱

## 第四节　皇帝洞岩溶地貌

皇帝洞位于昌江县王下乡牙迫村东部南尧河畔的五勒岭下,距县城石碌镇60km,离热带雨林国家公园管理局霸王岭分局31km。有硬化水泥公路直接到达洞口的山脚下,交通较便利。皇帝洞内有一巨大的边石坝组成的石梯田,呈金色,与周边灰黑色灰岩洞壁形成强烈对比,形似皇帝的宝座,皇帝洞由此得名。

皇帝洞分为一号洞和二号洞(图6-20),一号洞洞口宽约23.5m,距山脚约13m,洞道由西向东南延伸,长约265m,宽30~40m,高18m。洞里大厅呈拱形,平坦宽敞,气势雄伟,面积约5 700m²,洞底较平坦。一号洞出洞口沿半山腰登山小路可行至二号洞口。二号洞整

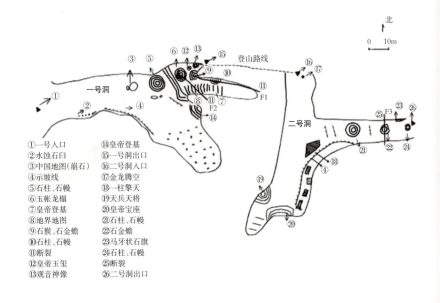

图6-20 皇帝洞洞穴平面形态及景观分布图

体呈"Y"字形,洞口高约6.4m,宽约14.3m,往洞厅内逐渐开阔,洞厅平均长约65m,宽约27m,高约32m,洞底平坦,面积约1 755m²。洞内岩溶地质景观丰富,综合价值级别为Ⅲ级(省级),为海南省内洞口最大的岩溶洞穴,具有较高的美学观赏价值和旅游开发价值,对岩溶形成和古人类活动等科学研究方面具有一定的价值与区域性对比意义。

## 一、次生化学沉积景观

皇帝洞是海南次生化学沉积景观最为丰富的洞穴之一,洞内石钟乳、石笋、石幔等多姿多彩,分布范围广,景点多。

(1)滴石沉积类是由洞中滴水形成的碳酸钙沉积。滴石可形成各种形态,具有代表性的有石钟乳、石笋和石柱,是洞穴中最为普遍的景观,主要以塔状石柱、纺锤状石柱、扁平状石钟乳等形态类型为主(图6-21~图6-23)。

(2)流石沉积类是洞内流水所形成的沉积物,也是主要洞穴景观之一。规模大小不一,形状各式各

# 第六章 岩溶奇观

图6-21 塔状石柱

图6-22 纺锤状石柱

图6-23 扁平状石钟乳

样,主要由马牙状石带、石幕、石幔、石瀑布、边石坝、石梯田、石旗、贝窝等组成,形态各异,惟妙惟肖(图6-24~图6-27)。

## 二、基岩蚀余景观

吊岩、岩柱、岩拱:洞穴内位于洞顶或洞壁的基岩突出物。

边槽:发育于洞壁上近于水平的溶沟,在一号洞内见3层边槽,因受地表水或地下水溶蚀形成,是历史水位的记录(图6-28)。

水蚀石臼:浅海海水因酸碱度和氧化还原等地球化学环境条件控制,沉积形成含燧石团块或条带的灰岩,在洞穴形成过程中由于$SiO_2$和$CaCO_3$的溶解度差异极大,水的溶蚀与侵蚀便产生了硅质团块和条带突出岩层的差异溶蚀现象,形成水蚀石臼(图6-29)。

图6-24 马牙状石带

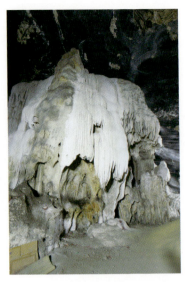
图6-25 石幔

图6-26 石梯田

图6-27 贝窝

图6-28 皇帝洞一号洞口处发育的边槽

图6-29 水蚀石臼

## 三、主要复合形态景观

复合形态景观是指聚合了各种形态的叠生形态景观,由岩溶洞穴中碳酸钙沉积的各种形态类型组成,汇集构成一幅幅奇特的画面。

"玉帐龙榻":一号洞中央位置,由石柱、石笋、石幔组成的近似方形帷帐,形似皇帝的龙床,"龙床"宽约7m,长约8m,高约8m,下部由4级边石坝构成"脚踏"(图6-30)。

"世界地图":石阶的起点处东侧岩壁发育的小型石钟乳和马牙状石幕组合,呈椭圆形,长约1.2m,高约0.6m,形似一张世界地图(图6-31)。

"皇帝玉玺":位于玉帐龙榻的

图6-30 皇帝洞一号洞"玉帐龙榻"形态景观

图6-31 皇帝洞一号洞"世界地图"形态景观

东侧,由塔状石笋组成,高约3m,直径约0.8m,形状似皇帝用的玉玺(图6-32)。

"石猴和金蟾":沿着断裂裂隙发育有连通洞顶底的大片石幔和石柱景观,形成如石猴(石钟乳)、金蟾(石笋)等惟妙惟肖的景观(图6-33)。

"观音神像":一号洞出口北侧见多层石幔,从洞顶延伸至洞底,宽约15m,石幕中有一石柱,形似观音神像(图6-34)。

"顶天立地":二号洞入口处有一根贯穿洞顶和洞底的独立石柱,犹如一根支柱顶天立地,石柱高约4.5m,直径0.3~0.4m(图6-35)。

"金蟾石像":洞厅往230°方向,

图6-32 "皇帝玉玺"形态景观

图6-33 "石猴""金蟾"形态景观

图6-34 "观音神像"形态景观

图6-35 "顶天立地"形态景观

为分支洞穴，堆积了少量垮塌灰岩，拾级而上约30m，可见一巨型石幔，贯穿洞室，高约22m，石幔下部有两只由塔状石笋组成的石金蟾（图6-36）。

图6-36 "金蟾"石像

## 第五节 钱铁洞岩溶地貌

钱铁洞岩溶地貌位于海南省昌江县王下乡钱铁村西南约400m处，距昌江县城约60km，县道X705有水泥路直达钱铁村，步行可达。钱铁洞岩溶地貌综合价值级别为Ⅲ级（省级），对岩溶形成和古人类活动等科学研究方面具有一定的价值，特别是在钱铁洞发现旧石器时代的200余件文化遗物，对研究海南古人类的行为活动和旧石器文化具有重要的科学价值（详见第五章第一节）。

钱铁洞洞口坐西朝东，分上、下两洞。上洞为延伸短的凹洞。下洞洞深约60m，面积约1 200m$^2$，洞口高约10m，宽约31m，整个洞连为一体，大致可划分为前厅和后厅（图6-37）。前厅洞底堆积大量石块，

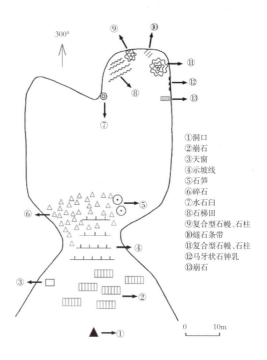

①洞口
②崩石
③天窗
④示坡线
⑤石笋
⑥碎石
⑦水石臼
⑧石梯田
⑨复合型石幔、石柱
⑩嵌石条带
⑪复合型石幔、石柱
⑫马牙状石钟乳
⑬崩石

图6-37 钱铁洞洞穴平面形态及景观分布图

其中0~10m见大量垮塌堆积的大石块，洞顶中部可见巨大的悬吊岩，左侧洞顶可见一个高约20m、大小约2m×1.5m的天窗。向洞内步行约10m后，见一个长约20m向内收窄的陡坡，坡度约45°，陡坡上布满崩塌的碎石，偶见石笋。穿过陡坡后为后厅，一个长约33m、宽约31m、高5~10m的洞厅。洞厅内底部平坦宽敞，偶见崩石和石笋，顶部呈弧形，常见石钟乳，石钟乳沿裂隙呈线性分布（图6-38）。

图6-38 沿裂隙呈线性分布的石钟乳

洞内地质遗迹典型景观主要有石梯田、石幔(图6-39)。

石梯田:宽约10m,深约6m,高约1.5m,共有12级台阶。

石幔:在石梯田上方为一个边石幔,高约2m,宽约1.5m,形似观音,"观音"头部左侧可见一个长约80cm、宽约30cm的石钟乳和一个长约80cm、宽约40cm的石柱。

图6-39　石梯田与观音石幔景观

## 第六节　猕猴洞岩溶地貌

猕猴洞位于东方市东河镇报白苗村附近,距东方市八所镇约60km,由省道S314经乡村水泥路至大广坝码头轮渡,再沿乡村水泥路到报白苗村,后向东行约3km乡村路可达洞口。洞口在半山腰,海拔290m。因洞内一群猕猴石像,犹如精雕细琢,个个栩栩如生,惟妙惟肖,猕猴洞因此得名。

猕猴洞岩溶地貌综合价值级别

为Ⅲ级(省级)。在区域地貌演化、新构造运动及岩溶地貌成因等方面均具有重要的地学意义。

猕猴洞由南西向北东延伸,整个洞穴呈厅堂式囊袋状(图6-40),洞长74m,游览道长222m,底面积1 700m²,宽1.2~28.6m,高2.6~13m。洞道坡度较大,入洞口下行至洞道末端,平均坡度22.6°,洞内相对高差33m。

洞内次生化学沉积物颇为丰富,以重力水沉积物为主,主要分布在洞道前半部分,其形态各异,规模大小不一,主要表现为:棕榈树状石柱、塔状石笋、瘤状石柱、纺锤状石柱、扁平状石钟乳、乳房状石钟乳、纺锤状石笋,而石幕、石幔、石瀑布、流石坝、石旗主要分布在后半部分。在这些形态各异的次生化学沉积景观中,比较有特色的有如下几类。

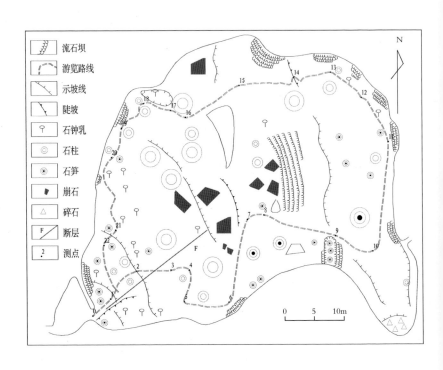

图6-40 猕猴洞平面形态及景观分布图

# 第六章 岩溶奇观

瘤状石柱：为滴水、飞溅水和非重力水协同沉积形成的一种奇异景观。它们零散分布于洞中，数量不多，总体以细、长、小为主要特征，石柱直径0.15～0.5m，高1.2～3m，而环绕发育于其上的瘤状体规模大小不一，长多为0.05～0.15m。共同构成洞穴众多景点的主要骨架，洞内的瘤状石柱组合图案以形似群猴会聚花果山为特色（图6-41）。

乳房状石钟乳：呈乳房状悬挂于洞壁顶部（图6-42），以乳白色为主，大部分尚处于生长发育期。

石幕、石幔、石瀑布等：均由洞壁线状、片状及分散状态的流水形成，故统称为壁流石类。其中成片分布于洞壁者统称石幔，较短者称石帘（图6-43）；宽且

图6-41 瘤状石柱（"群猴会聚花果山"）

图6-42 乳房状石钟乳

图6-43 石帘和石旗

多有褶层,厚度薄,形态如旗帜者,称为石旗;而较长又呈褶带状者则称为石幕;呈多阶梯状分布,形如瀑布者称为石瀑布(图6-44);状如水母者称为石水母(图6-45)。

图6-44 石瀑布

图6-45 石水母

## 第七节 大千龙洞岩溶地貌

大千龙洞位于海南省保亭黎族苗族自治县毛感乡千龙村南约3km,距离保亭县城约46km,距离国道G224约21km,从千龙村村路旁有一条羊肠土路可步行至洞口。

大千龙洞岩溶遗迹综合价值级别为Ⅲ级(省级),具有较高的美学观赏价值和旅游开发价值,在岩溶形成古环境研究方面具有一定的科学价值和区域性对比意义。

大千龙洞分上、下两层,上层为旱洞,下层为地下河,两层高差约18m。洞口宽约6.6m,高约7.2m,整体上窄下宽。上层旱洞由一条主洞道、若干次级洞道和两个洞厅组成,主洞道走向210°,为长廊状,次级洞道走向85°~137°(图6-46)。主洞道总长约250m,高4~15m,宽2~18m,地下河在洞道内可见长约220m,于北面洞口之下悬崖脚穿

# 第六章 岩溶奇观

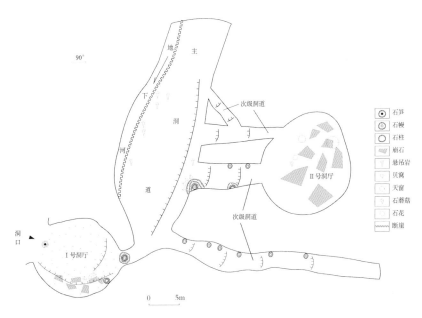

图6-46 大千龙洞平面示意图

出。该地下河流程短且河床窄,无自然行舟之利。

大千龙洞是海南次生化学沉积景观最为丰富的洞穴之一,洞内石钟乳、石笋、石幔多姿多彩,形态各异,规模大小不一,各种形态叠生的复合形态随处可见。主要表现为:纺锤状石钟乳,针、锥状石钟乳,扁平状石钟乳,塔状石笋,棕榈状石柱,瘤状石柱,石幔、石瀑布,贝窝,石蘑菇,石葡萄。比较有特色的有如下几类:

扁平状石钟乳:以滴水沉积为主要成因,规模较小,多是下部呈扁平状,厚仅0.08~0.18m(图6-47)。

图6-47 扁平状石钟乳

065

瘤状石柱：主要由滴水、流水协同作用形成，总体以粗大、短矮为主要特征，石柱直径0.6~1.5m，高1.3~1.8m（图6-48）。

贝窝：位于Ⅰ号、Ⅱ号洞厅底部及主洞道中段，是紊流水的溶蚀和侵蚀作用，在洞壁上形成的一种波状凹入形态，成群出现（图6-49）。

图6-48 瘤状石柱

图6-49 贝窝

石蘑菇、石葡萄：为洞穴滴水与悬挂式流水溅出携带碳酸钙的水滴和水雾附着到先成物上的沉积，形似蘑菇、葡萄（图6-50、图6-51）。

图6-50 石蘑菇

图6-51 石葡萄

"老君拜寿":位于主巷道起始处,为一复合型石幔,高约7.8m,直径约3.9m,连接洞顶与洞底,底部为崩石堆积物,形似仙人右手持杖、左手持仙桃拜寿(图6-52)。

"龙王宝座":位于主巷道中部,为一大型复合型石幔,包括石幕、水母状石幔和扁平状石幔,整体高约5m、宽约6m,石幔底部为四级石瀑布,宽约5m,高约2.5m,形似龙王座椅,上部复合型石幔为座椅上华丽的珠帘帷幕(图6-53)。

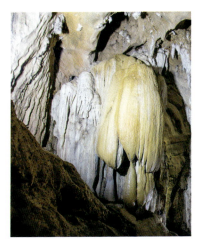

图6-52 "老君拜寿"景观

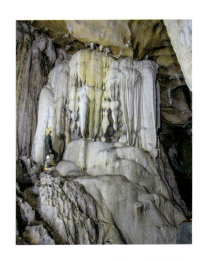

图6-53 "龙王宝座"景观

# 第八节 岩溶洞穴地质遗迹成因

园区的溶洞是石灰岩地区地下水长期溶蚀的结果,其溶蚀机理是:石灰岩的主要成分为碳酸钙($CaCO_3$),碳酸钙是难溶于水的固体,它与水、二氧化碳反应生成碳酸氢钙[$Ca(HCO_3)_2$],化学方程式为 $CaCO_3+CO_2+H_2O=Ca(HCO_3)_2$。碳酸氢钙是一种无机酸式盐,易溶于水。在自然界中，溶有二氧化碳的地下水和雨水，对石灰岩层长期的侵蚀逐渐形成了溶洞。园区的溶洞是地下水沿裂隙构造溶蚀而成的热带裂隙型岩溶洞穴，其形成与发展经历了漫长的地质发展阶段，大体可分为4个阶段，其中1~3阶段如图6-54所示。

## 一、裂隙溶蚀扩大阶段

新生代以来，区内经历了多次抬升—稳定交错出现的旋回。在相对稳定的时期，大气降水沿石灰岩中已有的构造裂隙下渗，在岩石裂隙中渗流，水流分散，属于散漫渗流方式。这个时期仍以溶蚀作用为主，水流溶蚀了裂隙四周的岩石，在区域性侵蚀基准面附近，对溶蚀敏感的地段或部位，随着溶蚀通道的慢慢扩大，开始形成溶洞。

## 二、溶洞形成阶段

随着侵蚀基准面附近溶洞的形成，地下水流线调整为向溶洞顶端聚敛，同时促使溶洞向岩体内发展，区域内形成溶洞。随着地下通道的贯通、增长，地下水流速越来越快，溶蚀作用越来越强，空洞不断扩大，侵蚀和崩塌作用加强。在侵蚀崩塌作用下，洞穴迅速扩大。

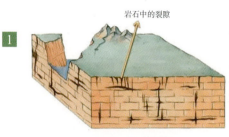

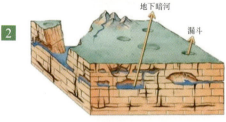

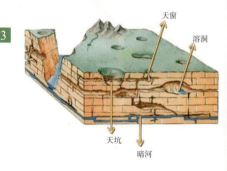

图6-54 溶洞形成示意图
（据李忠东，2018修改）

## 三、溶洞发展塑造阶段

区域溶洞形成主通道后,水流就转化成管道流,地下水位显著下降,水流更趋于集中在溶蚀强烈的较小范围内,这样周而复始的循环,使溶洞不断变高和加长。在地壳运动等内力作用或是其他外力,抑或是重力影响下,洞顶溶蚀崩塌,使洞穴管道空腔加大,甚至崩塌贯通地表形成天窗。

## 四、次生化学沉积物形成及改造阶段

地壳抬升,洞穴内水流下切,在深部开始新洞穴的开拓,已形成的洞穴逐渐离开水面抬升至高处,进入包气带。这时,除地表水流和包气带渗流对洞穴进行改造外,一个重要的过程便是洞穴次生化学沉积物的形成,它包括上述化学方程式的正向反应和逆向反应两个过程。在热带气候条件下,雨水富含$CO_2$,这种碳酸水在沿裂隙入渗可溶岩层中不断溶解石灰岩,富含碳酸氢钙的水流在进入洞腔空间一刹那,因洞内温度、压力的改变而逸出$CO_2$,使得碳酸氢钙溶液过饱和,首先在洞顶析出洁白的$CaCO_3$,下落的水滴跌落洞底时$CaCO_3$层层结晶析出形成石笋,石钟乳不断横向增粗与向下延长,石笋不断加粗与向上增高,两者上下接合则形成石柱(图6-55)。渗出的片状水流在洞壁则形成石帘(幔)、

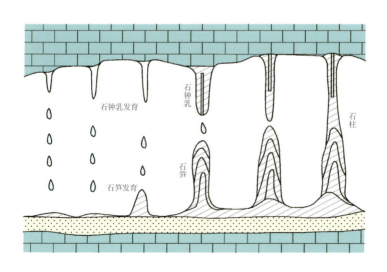

图6-55　石钟乳、石笋、石柱的形成过程

石幕、石瀑布等壁流石景观,在洞顶部位往往形成石带、石旗、石水母等天流石景观,在洞底则形成边石坝、石梯田、穴珠、岩席等底流石景观。高处滴水撞击后产生的飞溅水常常在洞壁或已形成的钟乳石沉积物表面形成石葡萄等景观。由于水流流量、流速及所处位置的差异,形成了千姿百态、气象万千的洞穴次生化学沉积的地质遗迹景观。

# 第七章 峰峦叠嶂

海南热带雨林国家公园范围内火成岩占园区面积的3/5,大面积的火成岩分布奠定了园区侵入岩地貌地质遗迹和火山岩地貌地质遗迹的物质基础,在地球内外营力作用下,园区形成了尖峰岭侵入岩地貌、吊罗山侵入岩地貌、黎母岭侵入岩地貌和五指山火山岩地貌等地质遗迹。

# 第一节　尖峰岭侵入岩地貌

尖峰岭因其主峰形似尖刀而得名。尖峰岭侵入岩地貌位于海南岛西南部,地跨乐东、东方两市县,分布面积约179km$^2$,坐标范围为东经108°48′24″—108°59′23″,北纬18°38′23″—18°47′59″。尖峰岭山体大致呈北东—南西走向,海拔大多在500m以上,属中低山地貌,主峰海拔1 412m。尖峰岭地区设立了尖峰岭国家森林公园,是新中国第一个以热带雨林为类型的国家森林公园,2005年被《中国国家地理》评为"中国最美十大森林",是我国现存最为典型、保存最好、面积最大的热带雨林之一。尖峰岭侵入岩地貌综合价值级别为Ⅲ级(省级),以热带地区较为稀有的中山尖峰侵入岩地貌为特色,具有较高美学观赏价值和科学研究价值。

尖峰岭地区由印支早期花岗岩组成的高大山体,在平面上呈圆形的杂岩体,后经燕山期和喜马拉雅期构造运动及尖峰-吊罗断裂带长期活动的抬升作用,不断抬升出露地表,在长期的风化剥蚀作用下,形成今日尖峰岭侵入岩地貌。尖峰岭侵入岩地貌以主峰的中山尖峰侵入岩地貌为特色,并有圆顶峰长岭脊侵入岩地貌、侵蚀型峡谷地貌、花岗岩石蛋、壶穴(石臼)、瀑布等。

中山尖峰侵入岩地貌:由于侵入岩侵位较浅,原生节理较发育。经后期抬升出露地表后,刚性的侵入岩周围发育一系列的正断层,流水沿节理和断层裂隙冲刷、下切,将岩体切割成陡峻的山峰,峰顶还残留少量石蛋。因而造就的山体孤峰兀立,峭壁摩空,像一把神剑直插云间,形成奇特的尖峰自然景色(图7-1、图7-2)。

# 第七章 峰峦叠嶂

图7-1 近观主峰

图7-2 远观主峰

圆顶峰长岭脊侵入岩地貌：以修长的岭脊和浑圆的山峰为特征，尖峰岭地区的此类山脉走向多呈东西向和南北向两个方向展布。

侵蚀型峡谷地貌：受区域构造控制、断裂影响，花岗岩山体发育垂直节理裂隙，流水流动过程中冲蚀下切，不断加深和拓宽谷地，形成（"V"字形）沟谷、河谷，沿沟谷发育有溪、潭、滩、瀑等地貌景观（图7-3）。

花岗岩石蛋：在侵入岩区较为常见，因球形风化发育而形成圆形和近圆形的石蛋地貌景观，且多因河流搬运作用形成石河景观（图7-4）。

图7-3　天池河"V"形侵蚀峡谷地貌

图7-4　雨林谷石河

壶穴（石臼）：位于南巴河河道上，沿河道可见约20个大小不一的壶穴，形态各异，形似蝌蚪、菜刀、水缸、座椅、海螺、水桶、桃子、花生、碗、水滴等。其中最大一处为形似马鞍的马鞍石（图7-5），马鞍石整体长约6m，宽约5m，高约4m，石上有"天下龙殿—神洲"题字，马鞍石中间顶部为一大型壶穴，形似鹅蛋（图7-6）。

瀑布：尖峰岭地区有多个瀑布分布，规模比较大的有鸳鸯瀑布和子京瀑布。鸳鸯瀑布位于主峰西南

图7-5　南巴河发育的马鞍石

图7-6　马鞍石中的壶穴

约5km处,母岩为尖峰岭中粗粒斑状黑云母正长花岗岩,落差约20m的瀑布,宽约40m,见两股水流(图7-7)。水流宽分别为0.5m和2.5m,下方各汇成面积为3m×5m和2m×7m水潭,溪流沿崖壁飞泻,犹如一对鸳鸯在仙坛中戏水。鸳鸯瀑布可能在地壳隆升过程中,其母岩沿产状为163°∠64°的节理垮塌形成。

子京瀑布位于主峰东北约7km

图7-7 鸳鸯瀑布

处,瀑布落差约10m,宽约20m,瀑布顶部水流沿一组节理被人工改道,使得水流处于瀑布中间跌落。下方水潭长约25m,宽约20m(图7-8)。河岸和河床岩性为中粗粒斑状黑云母正长花岗岩,发育有3组节理,第一

图7-8 子京瀑布

组产状为103°∠84°,第二组产状为186°∠85°,第三组产状为275°∠10°。子京瀑布可能在地壳隆升过程中,其母岩沿产状为186°∠85°的节理垮塌形成。

除以上地质遗迹景观外,还有人工"天池"景观,位于主峰北西约10km处,处于海拔800m的高山盆地中,四周雨林常青,群山环绕。该景观为尖峰岩体上升出露地表后,节理较发育部位易于风化剥蚀形成高山盆地,在河流下游筑坝而形成的高山"天池"(图7-9)。在天池的西侧有鸣凤谷原始雨林观赏路线,全长1.96km,因众多鸟类会聚此地鸣叫嬉戏而得名,林内古木参天,荟萃了大板根、绞杀、老茎生花、空中花园、滴水叶尖等雨林奇观,有逍遥桥、听泉、鸣凤石、鸟语林、石洞等奇景,是登山观景、呼吸富含负氧离子清新空气而令人心旷神怡的森林浴理想场所。

图7-9 "天池"景观

## 第二节 吊罗山侵入岩地貌

吊罗山侵入岩地貌位于海南岛东南部的陵水、琼中、保亭、万宁4县(市)交接处,分布面积约170km²,坐标范围为东经109°45′05″—109°57′07″,北纬18°40′08″—18°49′19″。吊罗山地区属中低山地貌,海拔大多在

500m以上,但在吊罗后山、大吊罗及三角山一带,海拔大多在1 000m以上,最高峰三角山海拔1 499m。吊罗山地区设立了吊罗山国家森林公园,公园拥有湖光山色、峰峦叠嶂、飞瀑溪潭、巨树古木、奇花异草、岩洞怪石等众多天然旅游景观,植物种群极为丰富,达3 500多种,仅兰花就有250多种。高质量、高品位的生态环境,将大自然的神、奇、古、野、幽展现在有限的时空内,是开展生态旅游的一块难得的宝地。吊罗山侵入岩地貌综合价值级别为Ⅲ级(省级),以常见的各类侵入岩地貌为特色,具有较高的美学观赏价值和科学研究价值。

吊罗山地区由燕山晚期花岗岩组成的高大山体,后经燕山晚期和喜马拉雅期构造运动及尖峰-吊罗断裂带长期活动的抬升作用,形成一条巨大的东西向花岗岩穹隆构造带,区内群峰峥嵘,山岳叠嶂,悬崖深渊,组成今日的吊罗山侵入岩地貌。吊罗山侵入岩地貌主要有中低山圆丘侵入岩地貌景观、圆顶峰长岭脊侵入岩地貌景观、侵蚀型峡谷地貌景观、石晴瀑布地貌景观、南喜瀑布地貌景观等。吊罗山侵入岩地貌附近还有两个较大的瀑布,即大里瀑布和枫果山瀑布,列为独立地质遗迹点(详见第九章第二节)。

中低山圆丘侵入岩地貌:南喜河两侧及小妹水库附近山脊均属于此类,山顶呈浑圆状、馒头状,山脉走向北西-南东,山势平缓、坡度为30°~50°(图7-10)。

图7-10 低山圆丘侵入岩地貌

圆顶峰长岭脊侵入岩地貌：包括南喜山、崩岭、崩塘岭、大吊罗、吊罗后山，山顶呈圆顶峰长岭脊地貌，山脉走向北东－南西，山势陡峭、坡度为50°～70°（图7－11）。

侵蚀型峡谷地貌：地表水沿裂隙曲折追踪，汇集于谷地中的溪流，在流动过程中沿出露的基岩裂隙发生线状侵蚀作用，冲蚀下切，不断加深和拓宽谷地，形成及发展线状延缓的凹地，即（"V"字形）沟谷、河谷，沟谷内有溪、潭、滩、瀑，构成富有特色的峡谷地貌景观（图7－12）。

图7－11　圆顶峰长岭脊侵入岩地貌

石晴瀑布：位于区内旅游公路

图7－12　南喜河峡谷地貌

旁的观景平台,展布于白垩纪花岗岩中,为倾斜型瀑布,仅见一级跌水,高差约50m,跌水面宽约40m,为坡状岩壁,坡度为50°~60°,水瀑宽约12m(图7-13)。

南喜瀑布:位于区内旅游公路

图7-13 石晴瀑布

旁的林间科普栈道上,展布于白垩纪花岗岩中,为倾斜型瀑布,高差约30m,跌水面宽约40m,见多条水瀑,宽度1~1.5m不等,下方为一人工修建水池,呈三角状,最长约4m,最宽约3m(图7-14)。

图7-14 南喜瀑布

# 第三节 黎母岭侵入岩地貌

黎母岭侵入岩地貌位于海南岛中部琼中、白沙两县境内，分布面积约98km²，坐标范围为东经109°43′33″—109°48′45″，北纬19°07′23″—19°14′28″。黎母岭地区属中低山地貌，山体走向总体以南北向为主，地势挺拔，主峰为黎母岭，海拔1 411m，山势雄伟，北宋诗人苏东坡曾写下"奇峰望黎母，何异嵩与邙"的诗句赞美黎母岭雄姿。黎母岭地区自然风光美不胜收，不管远望还是近观，山峰、云雾、湖潭、峭壁与幽谷、鸟鸣和蝶飞等都给人一种充满灵性的美丽。黎母岭侵入岩地貌综合价值级别为Ⅲ级（省级），具有较高的美学观赏价值和旅游开发价值，对地貌学、岩浆岩岩石学、区域地质构造学、水文地质学以及气象学等科学研究方面具有十分重要的科学意义和社会经济价值。

黎母岭是由印支期和燕山期花岗岩组成的高大山体。印支期、燕山期及喜马拉雅期构造运动，使黎母岭不断抬升，构成花岗岩穹隆山体，使今日的黎母岭地势嵯峨，峡谷幽深。区内包括圆顶峰长岭脊型侵入岩地貌、仙女泉瀑布、形态各异的花岗岩壶穴（石臼）、花岗岩石蛋、象形石、石洞等地貌景观。

圆顶峰长岭脊型侵入岩地貌：主要分布于黎母山中部，海拔1 000m以上的山峰有8座，山顶呈圆顶峰长岭脊地貌，山脉走向主要为南北向，山势陡峭，坡度为50°～60°（图7-15）。

仙女泉瀑布：黎母山地区雨量充沛，植被茂密，沟谷地貌发育，在沟谷中瀑布众多，但大部分为小型

图7-15　黎母岭主峰

跌水。在黎母岭北西方向有一大瀑布——仙女泉。瀑布位于国家公园黎母山分局入口南西方向大约3km,有水泥路直达。瀑布极高,由多级跌水组成,高可达100m,瀑布宽10～20m,如遇大雨瀑布蔚为壮观(图7-16)。

花岗岩壶穴(石臼):为黎母河最具代表性的地质遗迹,河床上分布大小不等350多个壶穴(石臼),平面形态各异,主要以圆形和椭圆形为主,少数半圆形或扁圆形及不规则形,形成碗状、水缸状、鹰嘴状等各种不同形态壶穴(石臼)(图7-17～图7-20)。壶穴(石臼)口径以0.5～1.0m居多,最大口径可达7.4m,深0.01～3.0m不

图7-16 仙女泉瀑布

图7-17 大碗臼

图7-18 水缸臼

图7-19 鹰嘴形臼

图7-20 花生形臼

等。个别壶穴(石臼)见有水平状纹理,底部微凹,下凹方向不定;破壶穴(石臼)多分布于河床中河水位频繁波动带。壶穴(石臼)是基岩河床被水流及携带的砾石冲磨而成的深穴,一般分布在石质河床基岩节理交汇点或破碎处。坑洼里的砾石在流水的带动下旋转、撞凿、磨蚀坑壁,使坑洼不断扩大加深,最终形成深度和宽度达数十厘米至数米的深穴。

根据花岗岩壶穴发育的形态、平面展布特征,可判断壶穴的发育程度。按壶穴发育程度可划分为胚胎期、幼年期、成年期、衰退期、终了期和遗痕期6个阶段。花岗岩自身矿物成分的不均匀或局部节理、裂隙的发育,可导致其差异风化,在充沛的大气降水参与下,特殊气候环境的差异风化作用促使花岗岩凹坑形成,即花岗岩壶穴的胚胎萌生(图7-21);花岗岩凹坑在水流携带砂砾冲击、研磨及旋动作用下进一步发育,凹坑规模不断扩大,形成洞口宽度大于洞内宽度,其内部形似旋转楼梯的海螺型壶穴,即为幼年期壶穴(图7-22);在长期急速水流的带动下,壶穴内的砂砾不断磨蚀壶穴内壁,致使壶穴内壁磨蚀殆尽,形

图7-21 胚始期型壶穴(石臼)

图7-22 幼年期型壶穴(石臼)

成洞内宽度大于洞口宽度的水缸型壶穴,代表着壶穴发展成熟(图7-23),其内部亦可见大量大小不一、近似球形的砾石;流水的冲蚀和内部砂砾的磨蚀进一步作用,致使壶穴顺水流方向的内壁被磨穿,形成"破壶穴",则壶穴进入衰退期(图7-24);之后,流水及夹带的砂砾将加速对壶穴的破坏,导致下游一侧的壶穴破坏殆尽,上游一侧的壶穴因砂砾旋转作用的减弱而侵蚀速度较慢,残留凹向上游的岩壁,终了期

第七章 峰峦叠嶂

图7-23 成年期型壶穴(石臼)

图7-24 衰退期型壶穴(石臼)

图7-25 终了期型壶穴(石臼)

图7-26 遗痕期型壶穴(石臼)

壶穴就此形成(图7-25);流水对残留岩壁上部的岩石继续侵蚀,致使上部岩石破碎、塌陷,在壶穴处留下陡坎状地貌,壶穴的形态难以完整还原,即遗痕期壶穴(图7-26)。黎母河200余米的河床上,集中、完整展示了花岗岩壶穴不同演化阶段。

花岗岩石蛋:在黎母岭国家森林公园入口处见花岗岩石蛋分布,石蛋外形圆润灵秀,以椭圆状、次圆状为主,大小一般为1m×2m～2m×3m(图7-27)。花岗岩石蛋的形成是内外地质营力共同作用的结果,首先区内节理

图7-27 花岗岩石蛋地貌

裂隙发育,大致有3组节理,将岩浆岩切割成大大小小近似立方体、四方体、长方体的块体,暴露于地表后,在太阳辐射、风的剥蚀、雨水的侵蚀下,历经漫长的地质历史时期的球形风化作用,即棱角首先被风化掉,最后使块体变成两头略小、中间略大的椭球形或球形的石蛋(图7-28)。

黎母石像:高6m,宽8m,由中

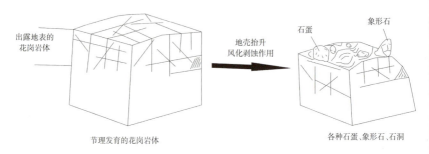

图7-28 石蛋、象形石、石洞形成示意图

三叠世花岗岩受后期构造抬升、流水侵蚀和风化剥蚀作用改造形成,因花岗岩象形石酷似黎族慈母(图7-29),双眼微眯,颔首启口,神态活灵活现,形象逼真,被黎族人民供奉为始祖圣像。黎母石像既是一个奇特的自然景观,同时又饱含人文内涵,是黎族的始祖圣像,常受黎人祭拜,体现出黎族传统文化和习俗。黎母石像旁建有的黎母庙(图7-30),正厅金殿上黎母娘娘神像活灵活现,每年"三月三"及三月十

图7-29 黎母石像

图7-30 黎母庙

五前后，各黎族同胞和非黎族的善男信女，竞相前往祈祷祭拜，彩旗香火纷呈，热闹非凡，成为罕见的深山盛会。黎母岭是黎族同胞的神圣之岭，是黎族母系社会的始祖岭。传说黎母山是海南黎族祖先的栖息地，是黎母邬麦所化。一直广为流传着许多生动迷人的神话传说，有的诠释着黎母山的身世来历，有的传颂着黎母勤劳善良的美德，有的表现黎母的灵异，具有浓厚的民族文化底蕴。

## 第四节 五指山火山岩地貌

五指山是海南最高峰，海拔1 867m。因五峰相连形如手指而得名，是海南岛的象征，也是中国名山之一。五指山火山岩地貌位于海南岛中南部五指山腹地，行政区划隶属于五指山市和琼中县，距离五指山市约35km，有公路与海榆中线公路相连，交通便利，分布面积约75.57km²。坐标范围为东经109°40′33″—109°46′32″，北纬18°52′57″—18°58′38″。五指山所在区域为中低山地貌，以五指山为中心，四周地形逐渐降低，呈塔状。五指山地质遗迹景观壮观生动，水文、植物、气候旅游资源俱全，还有众多的社会人文旅游资源等，是一处集奇峰、风情、田园、气候、森林为一体的大型生态旅游聚集地。

五指山火山岩地貌综合价值级别为Ⅲ级（省级），以热带雨林环境下的构造剥蚀火山岩峰林地貌、瀑布为主要地质遗迹景观。

峰林地貌：距今1.21亿~0.90亿年的中生代时期，在五指山地区形成了一套喷发相、爆溢相火山岩系，岩性由英安质-流纹质熔岩和（溶结）凝灰岩及相对应的火山碎屑岩组成，为一套中酸性向酸性演化的火山岩系。五指山顶部区域为火山角砾岩（图7-31），岩石节理裂隙发育，沿节理裂隙面差异风化，裂隙表层相对松软物质被流水长时间冲刷带走，岩石原有形态遭受强烈破坏，硬质部分留下形成陡崖、单峰。五指山峰林地貌突出了尖、兀、峭、奇的特点,五座山峰突兀于山体之上。远看犹如如来神掌,"手指"直指苍穹,神态飘逸(图7-32~图7-35)。

瀑布:五指山山脉为海南岛昌化江、万泉河两大水系发源地,地

图7-31　五指山顶部火山角砾岩外貌

图7-32　东南坡远望五指山

图7-33　北坡远望五指山

# 第七章 峰峦叠嶂

图7-34 南坡远望五指山

图7-35 一峰近景

形相对高差达千米,为瀑布形成创造了地形条件;植被以原始热带雨林为主,依据山体高程不同,具有一定的分带性,水源涵养好,再加上雨量丰沛,为瀑布形成创造了水源条件。地表径流在沟谷岩台上顺势而下,跳跃形成多级跌水,即瀑布,比较大的瀑布是罗米村瀑布和昌化江之源瀑布。罗米村瀑布位于五指山北麓,瀑布落差约25m,宽约10m,水流宽约3m,下方汇成一水潭,大小15m×15m(图7-36)。昌化江之源瀑布为一小型瀑布,岩壁上刻有"昌化江之源"5个大字(图7-37),瀑布水流高20~30m,宽50~80cm,下方水潭长约4m,宽8~10m,水流顺

图7-36 罗米村瀑布

图7-37 昌化江之源瀑布

着石缝往下游流去。在五指山国家森林公园有寻昌化江之源的旅游路线，沿着栈道可直达昌化江之源瀑布。

除以上地质遗迹景观外，区内遍布热带雨林，海拔高度在500m以下的丘陵地区分布着沟谷雨林和季雨林；500～1 500m分布热带山地雨林和亚热带针叶、阔叶常绿林；1 500m以上为高山矮林。在热带雨林生态环境下，植被茂盛、雨量充沛，植物、微生物等风化作用比较强烈，形成诸多雨林奇观。代表性的景观为山顶迎客松、盘根古路、"母子情深"

第七章 峰峦叠嶂

树、"雨林密码"树等(图7-38~图7-41)。

五指山作为海南的名山,区内人文景观也很丰富。

清代摩崖石刻群:五指山南麓仕阶保护站旁保留有一片清代摩崖

图7-38 山顶迎客松

图7-39 盘根古路

图7-40 "母子情深"树

图7-41 "雨林密码"树

石刻群(图7-42)。据说是清代光绪十二年间(公元1886年),清廷派遣当时任钦廉(广西钦州和广东廉州)提督的冯子材,率兵来琼镇压起义的黎族、苗族后,上书朝廷提出在该山区开辟大道,以便统治,还给该

地取名为"长安",即上安的原名,取意"长治久安"。道路开通后,功成名就的冯子材及手下留下了"手辟南荒""百越锁钥""一手撑天""巨手擎天"等10多处体量巨大、气势恢宏的古石刻群。五指山的摩崖石刻书

图7-42 清代摩崖石刻群

法精美,既有珍贵的艺术价值,又具有丰富的历史内涵和史料价值,为当地秀美的自然风景增加了深厚的人文内涵。

折木拂日碑:1933年12月,国民党国民革命军第一集团军警卫旅长、琼崖区绥靖委员、琼崖抚黎专员陈汉光到水满峒"抚黎"。为记功劳和纪念,1934年派人镌刻一石碑抬上五指山埋立。石碑上竖刻"折木拂日"4个大字,右侧落款"民国二十三年春",左侧落款"防城陈汉光题"(图7-43)。碑高约120cm,宽约62cm,厚12cm,楷体阴刻。陈汉光命令把碑石抬上五指山顶最高处埋立,但因山路难走,民夫抬石劳累过度,只好将其埋在五指山东北方向第一峰半山腰海拔1 159m的小路中间。原碑石于1993年3月被不法分子炸毁,2003年五指山市人民政府重新按原样复制立于原处。

图7-43 折木拂日碑

# 第八章 奇峰异石

胶结紧密的砂岩、砾岩由于岩石性质坚硬,抗风化能力强,往往形成雄奇的悬崖、孤峰、石墙、石柱、方山等奇峰异石景观。园区在七仙岭、神龟岭、鹦哥咀、南开河等地见有由砂岩与砾岩组成的奇峰异石景观。

# 第一节　七仙岭碎屑岩地貌

七仙岭又名七指岭,以该地7个状似手指的山峰而得名。七仙岭碎屑岩地貌位于海南岛中南部五指山脉南麓保亭县城东北部,距离县城7.8km。从县城有水泥公路直达七仙岭温泉国家森林公园门口,交通便利,分布面积约5.12km²。坐标范围为东经109°41′31″—109°42′30″,北纬18°42′8″—18°44′28″。七仙岭地区属低山丘陵地貌,海拔300~1126m,最高点为七仙岭主峰,海拔1126m,属五指山系余脉。七指山峰整体呈南北走向排列,地势由北向南逐渐降低。七仙岭碎屑岩地貌综合价值级别为Ⅲ级(省级),是典型的剥蚀残余型峰林地貌,以热带雨林环境下的砂砾峰林为主要地质遗迹景观。该区地质遗迹壮观生动,旅游资源丰富,是一块集奇峰、温泉、森林及人文景观为一体的极具田园风情的大型生态旅游区。

七仙岭碎屑岩地貌有以下地质遗迹景观。

**峰林地貌**:峰林山脊"一"字排列,自南向北依次为"一指峰、二指峰……七指峰"。一指峰最为高大、粗犷,自"指间"底部至"指尖"高差约60m,"指围"约300m,垂向及水平节理发育,将岩石条块分割,岩石表面多半球体、直径为10cm左右的窝穴。二指峰略低于一指峰,"指间"底部至"指尖"相对高度45m右,"指围"180m左右,垂向及斜向节理发育并相互贯通,一个个"指节"大有随时滑脱而下的感觉。三指峰、五指峰、七指峰自指间底部至指尖高差都为35m左右,相差不大,顶部参差不齐。四指峰、六指峰个体形态较小,指间底部至指尖高差都为25m左右,呈现秀立挺拔之势。"七指"耸翠,基部联为一体,基

# 第八章 奇峰异石

部以上基岩裸露,基部以下被雨林覆盖。七仙岭是由下三叠统岭文组砾岩、砂砾岩构成的山体。由于砾岩、砂砾岩经历了多次构造运动,节理裂隙发育,在流水渗透、侵蚀下,石缝裂隙逐渐扩大,把原来的岩体分割成孤峰,峰峦起伏呈锯齿状。七仙岭远眺峰指峥嵘,白云缭绕,景色绚丽,蔚为壮观;近看峰林地貌突出了尖、兀、峭、奇的特点,7座山峰突兀于山体之上(图8-1、图8-2)。

图8-1 远眺七仙岭

图8-2 近观七仙岭

崖壁地貌:七仙岭地区砂砾岩层及后期侵入的花岗岩体受构造活动影响,砂砾岩层及花岗岩岩体中垂直节理、劈理发育,在长时间的差异风化作用及流水冲刷作用下,七仙岭地区形成了许多崖壁地貌。砂砾岩中随处可见崖壁直立、壁立千仞的景象,崖壁上裂隙、石沟发育(图8-3)。

蜂窝状岩面:在攀登七仙岭的

图8-3 崖壁地貌

登山线路上,可见滑落下来的带有蜂窝状孔穴的砂砾岩残块。岩块表面发育有许多圆形、椭圆形的直径为3~10cm的窝穴,大小不一,有的集中,有的分散,如蜂窝状分布(图8-4)。这些蜂窝是由于差异风化作用,岩石表面的砾石脱落,岩石面凹凸不平,形成了许多圆形或不规则形状的石窝。在树林中还能看到残余的砂砾岩水平层理(图8-5)。

瀑布:七仙岭热带雨林生态系统保持完好,水土涵养条件好。陵

图8-4 蜂窝状岩面

图8-5 砂砾岩水平层理

第八章 奇峰异石

水河支流石筒河发源于七仙岭南坡，从分水岭至七仙岭脚下，石筒河流流程约3km，溪流落差达826m，溪流平均水力梯度约28%。溪流以跳跃的形式向下径流，在沟床岩台处形成大小几十个跌水景观，较大的瀑布落差3.5m左右，落差十多厘米的不计其数。最大的瀑布为天潭瀑布，落差约3.5m，宽约2m，溪流沿崖壁飞泻，下方汇成5m×15m水潭，名为七仙瑶池（图8-6）。

七仙岭处在热带雨林生态环境下，植被茂盛、雨量充沛，植物、微生物等风化作用比较强烈，形成了一些热带雨林奇观，代表性的景观为根抱石、树抱石、古藤缠树、植物绞杀、腐木生芝和情人树等（图8-7~图8-10）。

图8-6 天潭瀑布

图8-7 根抱石

图8-8 情人树

图8-9 植物绞杀

图8-10 腐木生芝

## 第二节 神龟岭碎屑岩地貌

神龟岭南侧山体发育两层陡立断崖,山体的上部形似一只神龟,"龟首"昂立,"龟身"匍匐,神龟岭由此得名。神龟岭碎屑岩地貌位于海南省白沙县细水乡志口村,距白沙县城约22km,距细水乡约9km,从志口村沿小路前行约2.3km至山脚下。神龟岭分布面积约3.8km²,坐标范围为东经109°36′10″—109°37′39″,北纬19°08′23″—19°09′40″。神龟岭地区属低山地貌,最高峰海拔933.4m。神龟岭碎屑岩地貌是海南岛内分布面积最大的一处类丹霞地貌,综合价值级别为Ⅲ级(省级),具有较高的美学观赏价值和一定的旅游开发价值,对类丹霞地貌的形成、沉积学研究具有一定的科学价值。主要的地质遗迹景观点分述如下。

蚕丝崖:神龟岭原始山体遭垂直节理切割后,受流水冲刷侵蚀形成冲蚀沟壑,冲蚀沟壑的进一步发育使得原始山体形成陡壁断崖,因陡壁岩层产状近乎水平,各岩层抗风化能力具有一定的差异,受流水冲刷、侵蚀的影响,抗风化能力较弱的软岩层形成向内凹陷的沟槽,抗风化能力稍强的较硬岩层相对外凸,最终组合成奇特的造型景观,因其形态似一根根蚕丝平行交织,因而称之为"蚕丝崖"(图8-11)。

第八章 奇峰异石

图8-11 蚕丝崖崖壁外貌

千年神龟：由志口村远眺神龟岭，山体近南北走向。南侧山体上部因断崖切割形成的山包，形似龟首；北侧山体呈缓坡状形似巨大龟身匍匐，两者整体形似一只巨大的神龟（图8-12）。在广阔的白沙陆相红层盆地北缘，白垩系鹿母湾组紫红色砂砾岩独起此峰。

图8-12 神龟岭全貌

## 第三节　鹦哥咀碎屑岩地貌

鹦哥咀碎屑岩地貌位于琼中县境内鹦哥岭一带，分布面积约3.2km²，坐标范围为东经109°33′06″—109°34′41″，北纬19°02′05″—19°03′27.1″。该区紧邻省道S310，距G9811琼乐高速什运互通10km，交通便利。鹦哥岭地区海拔均在500m以上，属中低山地貌，最高峰鹦岭海拔1 811m，为海南第二高峰。鹦哥咀碎屑岩地貌综合价值级别为Ⅲ级（省级），山峰雄伟壮观，形似鹦鹉的喙，与热带雨林相映成趣，具有较高的美学观赏价值。

鹦哥咀碎屑岩地貌展布于下白垩统鹿母湾组（$K_1l$）形成的陆相红盆中，所在位置海拔1 472m，其内为原始热带雨林，鲜有人迹。在鹦哥咀北东向约1.5km处，设有鹦哥咀管理站，建有观景台，可遥望鹦哥咀奇特景观。鹦哥咀处东部岩层抗风化能力强，西部岩层抗风化能力弱，因差异风化使东部岩层上部明显突出（图8-13），由鹦哥咀北部远眺犹如东部岩层呈弯钩状覆盖于西部岩层之上，犹如鹦鹉弯钩状的喙，上喙较长，完全覆盖下喙。近年，鹦哥咀东部山体顶部遭受雷击，小部分山体垮塌，基岩裸露。

图8-13　鹦哥咀远景

鹦哥咀北侧2km有一瀑布,名为金矿瀑布(图8-14),属倾斜型瀑布,落差28m。丰水期瀑水面宽度可达8m,瀑布两侧被茂密的热带雨林植物覆盖,远观犹如一条银蛇游走于山林之间。

图8-14 金矿瀑布航拍图

## 第四节 南开石壁碎屑岩地貌

南开石壁碎屑岩地貌位于白沙县南开乡什付村南西方向约1.5km处,分布面积约0.25km²,坐标范围为东经109°21′08″—109°21′41″,北纬19°00′32″—19°00′18″。该点距省道S310约39km,有水泥路直达什付村,从什付村有便道至该点。该点地处海南岛中部山区,所在区域地形总体南北高,中间低,海拔一般为300~400m,相对高差100m,属丘陵地貌。南开石壁碎屑岩地貌综合价值级别为Ⅳ级(省级以下),陡立的岩壁和南开河河谷,具有一定的美学观赏价值和旅游开发价值。

南开石壁碎屑岩地貌的形成是在地壳不断抬升,雨水沿着构造、节理或裂缝面掏蚀成沟谷,沟谷自始至终垂直侵蚀所致。南开石壁由下白垩统鹿母湾组($K_1l$)碎屑岩组成,石壁大致沿着155°方向展布,石壁近似垂直,高约30m,长约150m。从远处看像一座层层叠叠的石头墙壁,色彩斑驳陆离,主基调是灰黑色的,伴随着黄褐色、绿色和红色。壁面有泉水长流,汇于壁下溪中,壁顶端为一片密林。石壁周围风景秀丽,岩壁层叠,奇树怪石,溪流交错,流水潺潺,美不胜收。石壁分为6层,初看状若一座年代久远的雄伟石楼古堡,久观又似一幅巨大灵动的壁画(图8-15、图8-16)。

图8-15 侧观南开石壁

图8-16 正视南开石壁

# 第九章　海南水塔

海南热带雨林国家公园
地质遗迹的**前世今生**

　　海南热带雨林国家公园内海拔超过 1 400m 的山峰主要有五指山（1 867m）、鹦哥岭（1 812m）、猴猕岭（1 655m）、黑岭（1 560m）、三角山（1 499m）、尖峰岭（1 412m）、黎母山（1 411m）等。其中五指山为海南岛最高峰。这些高山采天地之灵气，吸日月之精华，凝聚成水，滋养万物，点滴之水汇聚成河，为海南岛三大水系南渡江、昌化江、万泉河的发源地（图 9-1）。南渡江、昌化江和万泉河，流域面积分别超过 7 000km²、5 000km²、3 000km²，三大河流域面积占全岛面积的 47%。可以说，园区是海南岛的水塔。

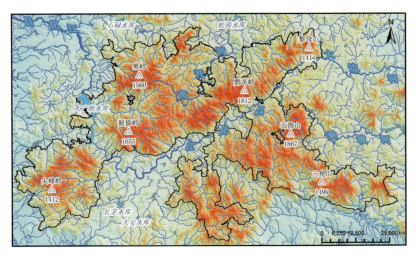

图 9-1　园区水系分布示意图

## 第一节　大江大河

### 一、南渡江

　　南渡江又称南渡河，古称黎母水，是海南岛最大河流。南渡江发源于海南省白沙黎族自治县南开乡南部的南峰山，干流斜贯海南岛中北部，流经白沙、琼中、儋州、澄迈、屯昌、定安、海口等市（县），全长

333.8km,流域面积7 033km²。源头区域内,动植物种类繁多,生物多样性保护完好,大片森林浓郁苍翠,森林面积达124.8万亩(1亩≈666.67m²),森林覆盖率90.1%。源头区域内河床水道蜿蜒曲折,溪流交错,流水潺潺,鱼类丰富多样,在海南岛已记录到的106种淡水鱼种中,仅在源头一段就发现有48种,淡水鱼品种资源占全岛的近50%。

南渡江源头名叫南开河,沿河两岸,几乎步步美景。清流漫过形态各异的山石,河边自由生长起来的杂树荒草,密密麻麻,这里一丛、那边一簇(图9-2)。抬头望去,一缕缕氤氲的云雾翻卷在半山腰、两

图9-2 南开河河道两岸

山间。河风时有时无,林中的鸟类与虫豸的鸣叫声却此起彼伏。溯流而上,沿河道两岸时不时出现造型各异的石壁,或青、或黄、或灰,有平滑、有突兀、有峭立,似鬼斧神工,又似泼墨山水,令人叹为观止。河水清澈见底犹如明镜,泉水潺潺,河床上布满了大小不同、五颜六色的鹅卵石;河谷中还有色彩斑斓、或大或小、形态各异的岩石相伴;河床上许多岩石很平滑,棱角分明且规整,犹如一块块巨大的打磨加工过的染色

木板,一片片整整齐齐地平放或竖立在河床上,让人赞叹岁月和自然造化之功的神奇(图9-3)。

图9-3 南开河河床

## 二、昌化江

昌化江也称昌江,是海南岛的第二大河,发源于五指山山脉北麓的空示岭,横贯海南岛的中西部,河流自东北向西南流经琼中、五指山,在乐东县转向西北,流经东方市,最后从东方市和昌江县的交界处流入北部湾。昌化江干流全长232km,流域面积5 150km²,总落差1 270m。

昌化江发源地在五指山山脉,由五指山原始森林中的山泉水汇聚而成。在五指山国家级自然保护区旅游景区有寻昌化江之源的旅游路线,沿着栈道可一直走到昌化江源头。一路上,山谷中植被茂盛,溪水清澈见底、冰冰凉凉,怪石嶙峋,有木桥流水、崖石娇花、树抱石、石夹树等奇观,空气清新湿润,是个天然氧吧。在昌化江源头,一条巨大的瀑布溅起水雾,时常反射出彩虹,在石壁上有"昌化江之源"5个石刻大字。

昌化江是园区分布最长的河流,中游筑坝截流修建水库,雄伟的大广坝水利水电工程横卧于昌化江上(图9-4)。大广坝水库为海南第二大水库,水库湖面100km²,正常蓄水量达17亿m³。库区群山连绵,风景秀丽,山水相映,碧波万顷。大广

# 第九章 海南水塔

图9-4 大广坝水库

坝水电站气势磅礴,坝长近6km,高程144m,装机容量24万kW,是亚洲第一大土坝,海南第一大水力发电站。这里有中国较早的小广坝水电站遗址,是日本侵华掠夺我国资源的历史见证。

## 三、万泉河

万泉河古时称多河,是海南岛第三大河,位于海南岛东部,全长163km,流域面积3 693km²,沿河两岸典型的热带雨林景观和巧夺天工的地貌,令人叹为观止。万泉河是中国未受污染、生态环境优美的热带河流,被誉为中国的"亚马孙河"。万泉河有南北两源:南源称乘坡河或乐会水,为干流,长109km,发源于五指山山脉东北麓琼中县南安村北部的风门岭。北源称大边河或定安水,源出黎母岭山脉琼中县罗担村以北的风门岭。两水在琼海市合口嘴汇合始称万泉河,经嘉积至博鳌入南海。万泉河从南北两源蜿蜒而下,穿崖削壁,过岭跌宕,一路走来,便在沿途留下不少急流、险滩、深湾、峻岭、飞瀑、岛屿、沙滩、石沟等自然生态奇观。

除三大江河以外,还有9个流域面积在100km²以上独流入海的中小河流发源于园区大山之中,园区支流密如蛛网,像毛细血管一样延伸到崇山峻岭中,汇聚点滴之水,形成大江大河。

# 第二节 瀑 布

瀑布是从河床纵剖面陡坡或悬崖处下泻的水流,主要由水流对河底软硬岩石差别侵蚀而成,另外山体崩裂塌陷、断层活动等也能形成瀑布。海南岛的瀑布地质遗迹较多,已发现有一百多处,多为山体崩裂塌陷、断层活动或水流对岩石差别侵蚀形成。园区位于海南岛中部崇山峻岭,原始森林茂密,有诸多绚丽多姿的瀑布,目前已发现较为著名的有5处,分别为分布于花岗岩分布区的陵水县枫果山瀑布、大里瀑布,昌江县雅加瀑布,琼中县飞水岭瀑布和出露于碎屑岩分布区的白沙县红坎瀑布。

## 一、枫果山瀑布

枫果山瀑布位于海南热带雨林国家公园管理局吊罗山分局的西北面,又是整个吊罗山区的边缘处,沿旅游道路行驶约18.5km直达枫果山瀑布。枫果山瀑布综合价值级别为Ⅲ级(省级),是海南最大的瀑布群,沿陵水河的支流白水河分布,在白水河流域1.5km范围内,由10级瀑布组成,最大的瀑布落差超过100m,幅宽30m,雨季宽达50m,号称"海南第一瀑",具有较高美学观赏价值。其中最具代表性的为枫果瀑布和彩虹谷瀑布。

枫果瀑布位于吊罗山南部彩虹谷景区西侧沟底的旅游线终点,亦是枫果山瀑布群的最低级,需行走1 700级栈道台阶才可以到达。枫果瀑布为倾斜型瀑布,宽度50m,见2股水流,水面宽分别为20m和3m,落差超过100m,下方汇成约15m×20m水潭(图9-5)。在瀑布的崖壁上发育1组节理,枫果瀑布可能是在地壳隆升过程中,河流沿产状80°∠38°的节理侵蚀,造成母岩破碎垮塌而形成。

彩虹谷瀑布位于枫果瀑布上游500m处,为垂直型瀑布。宽度为50m,水面宽约15m,落差约80m,下方汇成约5m×20m水潭。在水潭边发育1组节理,产状49°∠65°,密度1~2条/m,节理面平直,无充填,延展好。瀑布南侧见20m×40m的石壁,因流水落在岩壁上形成水汽,阳

第九章 海南水塔

图9-5 枫果瀑布

光通过空气中的水汽导致折射光的色散而形成彩虹(彩虹谷)(图9-6)。彩虹谷瀑布是在地壳隆升过程中,母岩被河流沿节理破碎带冲刷垮塌形成的。

二、大里瀑布

大里瀑布位于海南热带雨林国

图9-6 彩虹谷瀑布

家公园东南部陵水黎族自治县本号镇大里村南侧,紧邻省道S215,交通便利。大里瀑布综合价值级别为Ⅲ级(省级),主瀑布最大落差约30m,宽度约20m,四周林木茂密,岩石嶙峋,具有较高的美学观赏价值(图9-7)。

大里瀑布位于大里河支流,展布于晚白垩世侵入岩中,沿河流流域约400m范围内自上而下见五级瀑布,上游的前三级瀑布游人行不可至,仅通过航拍可观测到,最下游的两级瀑布步行可达,目前已开发成大里瀑布景区。

第四级瀑布为倾斜型瀑布(图9-8),从园区入口步行约700m到达,落差约30m,丰水期瀑布水面宽度可达20m,枯水期水面宽8~10m,

图9-7　大里瀑布

图9-8　第四级瀑布

水流沿着50°～60°倾角的基岩面飞流而下，瀑布两侧为数十米高的陡崖，瀑布底部为一近圆形小型水潭，直径约20m，四周丛林茂密，岩石嶙峋，环境清幽秀美，瀑布犹如一条白练从山体中间倾泻，水声振聋发聩，林间鸟啼、虫鸣与飞瀑和鸣，令人沉醉。

第五级瀑布位于第四级瀑布下游约300m处(图9-9)，为垂直型瀑布，落差约5m，丰水期瀑布水面宽度约5m。枯水期水流中间凸起的岩石将水流分成两股，形成两条水瀑，因此又名姐妹瀑布，南侧水瀑宽

图9-9 第五级瀑布

约1.5m，水流较缓；北侧水瀑宽约2.5m，与南侧相比水流湍急，流量大，两条水瀑共同汇集于底部一小型积水潭顺山间河流流走，积水潭长约10m，宽约7m。

### 三、雅加瀑布

雅加瀑布位于海南热带雨林国家公园西北部昌江黎族自治县七叉镇霸王岭分局雅加景区内，沿瀑布而上有观景栈道。雅加瀑布综合价值级别为Ⅲ级(省级)，是受雨水冲刷裸露出的花岗岩基岩形成的多级瀑布，落差110m，长年流水不断，四周峰峦雄峙、巨石嶙峋，兼备水、石、潭、瀑、林等自然景观特色，具有较

高的美学观赏价值。

雅加瀑布是在晚三叠世黑云母二长花岗岩的基础上形成的多级瀑布(图9-10),从上往下分为3级。上游出露宽约30m、长数百米的花岗岩基岩河床,为剥蚀区,在流水长期下蚀作用过程中,砂土被剥离,裸露基岩河床,称为"石海"(图9-11)。

图9-10 雅加瀑布整体外貌

图9-11 基岩河床"石海"

第一级瀑布:落差约15m,见宽约20m的小型跌水,旱季水流量较小,仅见一股细流,水流宽度约2m,下方形成10m×20m的水潭,称为"霸王圣潭"(图9-12)。

第二级瀑布:落差约110m,宽约30m,旱季水流量较小,仅见一股细流,水流宽度约0.7m。四周群峰叠嶂、巨石嶙峋,山、水、石、潭、瀑、林等自然景观交相辉映,瀑布中间的花岗岩上有人镌以"高山流水觅知音"和"天涯友情"字样(图9-13)。瀑布边见形似蟒王的花岗岩象形石(图9-14)。

图9-12 第一级瀑布

图9-13 第二级瀑布

图9-14 "蟒王"花岗岩象形石

第三级瀑布：落差约60m，宽约20m，旱季水流量较小，仅可见两股水流，宽度均为0.7m，下方汇成5m×15m的水潭（图9-15）。

## 四、红坎瀑布

红坎瀑布位于白沙黎族自治县元门乡翁村河上游，距翁村11km，从省道S310有水泥路至红坎水电站，步行2km可达。红坎瀑布综合价值级别为Ⅲ级（省级），主级瀑布落差超过40m，是海南岛内碎屑岩分布区主瀑布落差最大的瀑布，具有较高的美学观赏价值。

图9-15 第三级瀑布

红坎瀑布沿白沙县开元乡翁村河展布于白垩纪红层盆地中，沿翁村河流域1km范围内，从上往下发育四级瀑布，包括垂直型瀑布和倾斜型瀑布。其中，第一级瀑布为垂直型瀑布（图9-16），落差超过40m，丰水期瀑布水面宽度可达15m，河水穿过雨林沿笔直的陡崖俯冲直落下方水潭，犹如巨幅水幕挂于丛林之中，枯水期流量较小，瀑流消瘦，潭底见大量垮塌形成的大型棱角状砾石，是红坎规模最大的一级瀑布；第二级瀑布位于第一级瀑布下游约40m处（图9-17），为倾斜型瀑布，落差约10m，丰水期瀑布水面宽度可达8m，河水沿倾斜的岩层风化面向下游流淌，枯水期河水仅沿较大裂隙断面极速流淌；第三级瀑布位于第二级瀑布下游600m处（图9-18），高差仅2m，瀑布水面宽度约3m，属倾斜型瀑布；第四级瀑布位于第三级瀑布下游200m处（图

第九章 海南水塔

图9-16 第一级瀑布

图9-17 第二级瀑布

图9-18 第三级瀑布

图9-19 第四级瀑布

9-19),属垂直型瀑布,落差7m,丰水期瀑布水面宽度可达15m,枯水期瀑布水面宽度仅1.5m。

红坎瀑布的下游就是号称占地千亩的红坎人工湖,这里是养生垂钓、运动探险、休闲度假的好去处(图9-20)。

图9-20 红坎水库

## 五、飞水岭瀑布

飞水岭瀑布位于琼中县和平镇，距琼中县城约36km，距省道S304约15km，从县道X437行驶至长兴村后，沿土路步行2.5km后到达。飞水岭瀑布综合价值级别为Ⅳ级（省级以下），是海南省内较大的瀑布之一，具有较高的美学观赏价值。

飞水岭瀑布沿飞水河流域500m范围内由上往下共见二级跌水，包括垂直型和倾斜型两种。其中第一级跌水为垂直型，落差约50m，跌水面宽约10m，下方尚未汇成水潭；第二级跌水为倾斜型，落差约10m，跌水面宽约20m，下方汇成3m×5m水潭（图9-21）。

图9-21　飞水岭瀑布

# 第十章 热带雨林人文风情

海南热带雨林国家公园周边社区是黎族、苗族世居地，文化底蕴深厚，以黎族、苗族为代表的民俗风情缤纷多彩，尤其在婚姻、丧葬、节庆、饮食、居住、服饰、待客、礼节、文娱活动等方面，都有自己的独特风俗习惯。在漫长的历史中不仅保存了众多历史悠久的古迹遗址，而且形成了瑰丽多元的民族风情，黎族织锦、制陶以及苗族蜡染等制作工艺精良，黎苗歌舞、海南村话民歌等异彩纷呈，"三月三"等民间节庆独具特色，黎族船型屋与金字型屋等传统民居别具一格，这些独特的民族工艺、民族风俗、民族建筑和民族神话无不彰显着当地少数民族的智慧，是宝贵的文化精神财富，保存着深厚浓郁的文化底蕴，是博大精深的中华民族文化的杰出代表。

## 一、传统服饰——黎族织锦

黎族织锦堪称中国纺织史上的"活化石"，距今已有3 000多年的历史。早在春秋战国时期，被称为"吉贝布"的黎族织锦就已载入史书。

黎族织锦包括筒裙、头巾、花带、包带、床单、被子（古称"崖州被"）等，有纺、织、染、绣四大工艺，色彩多以棕、黑为基本色调，青、红、白、蓝、黄等色相间，配制适宜，富有民族装饰风味，构成奇花异草、飞禽走兽和人物等丰富图案（图10-1）。

"黎锦光辉艳若云"就是古人对黎族织锦工艺发出的由衷赞美。

黎锦的特点是制作精巧，色彩鲜艳，富有夸张和浪漫色彩，图案花纹精美，配色调和，鸟兽、花草、人物栩栩如生，在纺、织、染、绣方面均有本民族特色。黎锦以织绣、织染、织花为主，刺绣较少。染料主要利用乡土种植物作原料。这些染料色彩鲜艳，不易褪色。各地黎族人民根据自己的喜好，创造了多种织、染、绣技术。比如，白沙县黎族人民有一种两面加工的彩绣，制作精工，多姿多彩，富有特色，有"苏州双面绣"之美誉。

图10-1 穿着传统服饰的黎族姑娘（于伟慧 吴乾阳 摄，据海南热带雨林国家公园官网）

## 二、民俗特色——文身绣面

文身在黎语中叫"打登"或是"模欧",海南汉语叫"秀面"和"书面",西文则叫"打都",是黎家人的一种传统习俗。文身是黎族母系氏族社会的遗存,是原始宗教自然崇拜、祖先崇拜、图腾崇拜的艺术结晶,被誉为"刻在人体上的敦煌壁画"、黎族的"甲骨文"。文身是一种世界性的、古老而普遍的文化现象,亚洲、非洲及大洋洲等广大地区均有文身文化流行,如太平洋岛屿上的波利尼西亚人、中国云南独龙族人和中国台湾泰雅族人等,可仅黎族女性文身习俗延续了数千年而至今,几乎是种族与生俱来的。

在12~16岁期间,黎族女性必须在秋季接受神秘的文身仪式,进行面、胸、手、腿部位氏族图案线条的文身,然后用龙眼叶煮的水洗澡,使文身成功,否则视为叛逆者而没有地位。文身总面积占到身体表面皮肤的40%,因语言文化差异而不同。

至于到底为什么要文身,专家学者们根据田野调查、典籍记载,分别提出氏族族群的标志、伦理秩序、防止被掳掠、爱美、表达爱情忠贞、保健、生殖崇拜等说法。

## 三、民俗特色——图腾崇拜

黎族是个历史独特,只有语言、没有文字的民族,它跟许多兄弟民族一样,都经历过一个原始社会发展的阶段。它同样有着信仰体系,即对图腾的崇拜与对美的追求。这种图腾崇拜的遗迹,至今仍然表现在现实生活的各个方面,它顽强地影响着一个民族的性格和审美心理。黎族的图腾因五大方言不同而有差异,主要是图案、花色等的不同。

## 四、传统节日——"三月三"

黎族"三月三"节(农历三月初三)是海南黎族人民最盛大的民间传统节日,也是黎族青年的美好日子,又称爱情节、谈爱日,黎语称"孚念孚",是海南黎族人民怀念勤劳勇敢的祖先,表达对爱情幸福向往之情的传统节日。

历史上海南黎族和苗族都有欢度"三月三"的习惯。每逢"三月三",居住在东方市的黎族,无论男女老少都盛装打扮,带着山兰米酒、竹筒香饭、粽子,成群结队会聚到会合地点,以对歌、荡秋千、打叮咚、吹鼻箫、跳打柴舞、张弩射箭和粉枪射击等民间活动来欢度这个吉祥的盛日;居住在海南岛南部,特别是三亚市的黎族,则以猪头、米酒和饭团为祭品,前往三亚落笔洞进行祭祀活动,祈求祖先保佑家人平安、五谷丰登、六畜兴旺;五指山"合亩制"地区的黎族,每年农历三月的牛日,在亩头家杀猪摆酒、敲锣打鼓,全村男女欢跳祖先舞,庆贺春天带来福气。

自2008年起,海南省政府每年主办黎苗族"三月三"节庆活动,经过多年积累和发展,"三月三"节庆活动是海南省重要的群众性大型文化活动之一,成为宣传党的民族政策、传承弘扬中华优秀传统文化、展现海南绚丽多彩民族风情的重要平台,对加强各民族的交往、交流、交融,促进民族地区社会经济发展起到了重要的推动作用。图10-2为2019年"三月三"节庆活动黎族特色竹竿舞大赛。

### 五、传统美食——长桌宴

长桌宴是黎族宴席的最高形式和最隆重礼仪,已有几千年的历史。把长方形的桌子排成长列,长长的桌上铺着绿油油的芭蕉叶,芭蕉叶上盛着各种各样原汁原味的特色美食——三色饭、竹筒饭、鱼茶、山兰酒、南杀、五脚猪等,以招待最尊贵的客人。席间觥筹交错,歌声缭绕,散发出浓浓的黎族古老饮食文化气息。

长桌宴无论酒具还是食材,全

图10-2 黎族特色竹竿舞大赛

部是无污染、原生态的。长桌是用竹子搭的,斟酒器、酒杯、汤匙、筷子也全都是村民自己用竹子做成的。人们吃的鱼和蟹是河里抓的,红藤芯是山上采的,野菜是山下摘的。长桌宴吃的不仅是饭菜,还是一种氛围,一种韵味。

## 六、传统艺术——黎族苗族歌舞

黎族苗族歌舞是海南舞蹈艺术的代表,其舞姿提炼于狩猎耕作基本动作,其旋律提炼于民间传统歌谣。每逢丰收、新春佳节、"三月三",黎族苗族同胞不约而同地携妻带子,来到村寨开阔之地,燃起火把,敲响铜锣,舞起"打鹿舞""鹿回头""椰壳舞"等欢庆舞蹈,自娱自乐,唱也融融,舞也融融。

## 七、传统建筑——船型屋

黎族船型屋是黎族民居建筑的一种,流行于海南的黎族聚居区。黎族同胞为纪念渡海而来的黎族祖先,故以船型状建造住屋,因外形酷似船篷,通常称为船型屋(图10-3)。船型屋是黎族最古老的民居,有高架船型屋与低架(落地式)船型屋之分,

图10-3 船型屋

其外形像船篷,拱形状,用红藤、白藤扎架,拱形的人字屋顶上盖以厚厚的芭草或葵叶,几乎一直延伸到地面上,从远处看,犹如一艘倒扣的船。其圆拱造型利于抵抗台风的侵袭,架空的结构有防湿、防瘴、防雨的作用,茅草屋面也有较好的防潮、隔热功能,而且能就地取材,拆建也很方便。鉴于这些优点,船型屋得以世代流传下来。

# 第十一章 绿水青山就是金山银山

海南热带雨林是世界热带雨林的重要组成部分,是热带雨林和季风常绿阔叶林交错带上唯一的"大陆性岛屿型"热带雨林,是我国分布最集中、保存最完好、连片面积最大的热带雨林,拥有众多海南特有的动植物种类,是全球重要的种质资源基因库,是我国热带生物多样性保护的重要地区,也是全球生物多样性保护的热点地区之一。

# 第一节 植物资源

海南热带雨林国家公园内已记录有野生维管植物3 577种,隶属220科1 142属,有各类保护植物432种(据海南热带雨林国家公园官方网站),其中,国家一级保护植物有坡垒(*Hopea hainanensis*)(图11-1)、伯乐树(*Bretschneidera sinensis*)、海南苏铁(*Cycas hainanensis*)(图11-2)、葫芦苏铁(*Cycas changjiangensis*)、龙尾苏铁(*Cycas rumphii*)、台湾苏铁(*Cycas taiwaniana*)等6种,国家二级保护植物有海南桫椤(*Alsophila spinulosa*)、土沉香(*Aquilaria sinensis*)、降香黄檀(黄花梨)(*Dalbergia odorifera*)、海南紫荆木(*Madhuca hainanensis*)、蝴蝶树(*Heritiera parvifolia*)等34种;特有植物有尖峰青冈(*Cyclobalanopsis litoralis*)、霸王玉兰(*Magnolia*

图11-1 坡垒
(据海南热带雨林国家公园官网)

# 第十一章 绿水青山就是金山银山

图11-2 海南苏铁（据海南热带雨林国家公园官网）

bawangensis）、吊罗山萝芙木（*Rauvolfia tiaolushanensis*）、五指山含笑（*Michelia wuzhishanensis*）、海南菊（*Hainanecio hainanensis*）、海南翠柏（*Calocedrus macrolepis*）、雅加松（*Pinus massoniana* var. *hainanensis*）等428种。

# 第二节 动物资源

海南热带雨林国家公园内共记录脊椎动物5纲38目145科414属627种（据海南热带雨林国家公园官方网站），其中国家一级保护动物有海南长臂猿（*Nomascus hainanus*）（图11-3）、海南坡鹿（*Rucervus eldii hainanus*）（图11-4）、云豹（*Neofelis nebulosa*）、蟒蛇（*Python molu-*

图11-3 海南长臂猿(据海南热带雨林国家公园官网)

图11-4 海南坡鹿(据海南热带雨林国家公园官网)

rus bivittatus)、圆鼻巨蜥(*Varanus salvator*)(图11-5)、海南山鹧鸪(*Arborophila arden*)(图11-6)、海南孔雀雉(*Polyplectron katsumatae*)(图11-7)、鼋(*Pelochelys cantorii*)8种,国家二级保护动物有猕猴(*Macaca mulatta*)、水鹿(*Rusa unicolor*)、黑熊(*Ursus thibetanus*)、中华穿山甲(*Manis pentadactyla*)、小爪水獭(*Aonyx cinerea*)、原鸡(*Gallus gallus*)、白鹇(*Lophura nycthemera*)等67种;海南特有动物有海南长臂猿(*Nomascus hainanus*)、鹦哥岭树蛙(*Rhacophorus yinggelingensis*)、霸王岭睑虎(*Goniurosaurus bawanglingensis*)、海南山鹧鸪(*Arborophila arden*)、海南孔雀雉(*Polyplectron katsumatae*)、海南新毛猬(*Neohylomys hainanensis*)等33种。海南热带雨林国家公

图11-5 圆鼻巨蜥(据海南热带雨林国家公园官网)

第十一章 绿水青山就是金山银山

图11-6　海南山鹧鸪（据海南热带雨林国家公园官网）

图11-7　海南孔雀雉（据海南热带雨林国家公园官网）

园面积占中国国土面积的比例不足0.046%，但拥有全国约9.7%的两栖类、20.3%的爬行类、20.5%的鸟类和13.1%的兽类。

海南热带雨林中昆虫种类繁多。黄复生（2002）主编的《海南森林昆虫》共记述海南森林昆虫25目334科5 842种。其中包括新亚科、139个新种及142个中国新记录种。昆虫纲中的鳞翅目种类占到昆虫总数的20%。

## 第三节 天然氧吧

森林具有净化环境的功能,森林生态系统通过吸收、过滤、阻隔和分解等一系列过程对二氧化硫、氟化物、氮氧化物等气体污染物以及固体粉尘、重金属离子等进行降解和净化,降低噪声,并释放负离子和萜烯类物质(如芬多精),提高空气质量。简单地说该功能主要包括吸收空气污染物、阻滞粉尘、为空气提供负氧离子和降低噪声等。

高含量的负离子具有强大的医疗和保健功能,具有洗肺、改善心肌功能、镇静自律神经、杀菌、激活人体内多种酶等作用。正因为这些神奇的功效,空气负离子有空气清洁剂的美称,也被誉为"空气维生素"。目前,在环境评价中空气负离子浓度已被列为衡量空气质量好坏的一个重要指标。

医学研究证明,当空气负离子浓度为 $1\ 000/cm^3$ 以上时,就能起到防病治病的效果;浓度为 $500$ 个$/cm^3$ 左右时,能维持人体健康的基本需要;浓度在 $200$ 个$/cm^3$ 左右时,只能维持生理健康边缘,人身体容易陷入亚健康状态;当低于 $50$ 个$/cm^3$ 时,就会诱发生理障碍,引起疾病,甚至癌症。世界卫生组织规定,清新空气的空气负离子标准浓度为 $1\ 000$~$1\ 500$ 个$/cm^3$。

海南热带雨林分布区域就是一个天然大氧吧,十分适合人们旅游度假、休闲养生、康复疗养。热带雨林国家公园霸王岭、尖峰岭、五指山、吊罗山等主要片区雨林空气中负离子平均浓度为 $6\ 000$ 个$/cm^3$,瞬间值最高可达 $11$ 万个$/cm^3$。

## 第四节　保护历史

海南热带雨林国家公园涵盖并连通了原五指山、鹦哥岭、尖峰岭、霸王岭、吊罗山5个国家级自然保护区和黎母山、猴猕岭、佳西、俄贤岭4个省级自然保护区,各自然保护区的历史沿革和保护现状阐述如下。

### 一、五指山国家级自然保护区

1985年11月,经广东省人民政府批准建立五指山省级自然保护区,2003年由国务院批准晋升为国家级自然保护区,总面积为13 435.9hm²,地处东经109°32′03″—109°43′19″,北纬18°48′59″—18°59′07″。五指山保护区是以保护热带雨林生态系统、珍稀动植物资源及栖息地为主的森林生态系统类型自然保护区,是海南岛海拔高差大、植被垂直带谱完整、热带植被类型多、雨林群落典型的自然保护区之一,生物多样性十分丰富,保存的典型热带雨林是海南热带雨林的重要组成部分,在我国乃至全球生物多样性保护中具有重大价值,同时也是海南岛昌化江、万泉河等主要河流的发源地。

### 二、鹦哥岭国家级自然保护区

海南鹦哥岭国家级自然保护区是海南岛上最年轻的国家级自然保护区,也是面积最大的保护区,于2004年由海南省政府批准成立为海南鹦哥岭省级自然保护区,2014年晋升为国家级自然保护区。保护区位于海南岛的中南部,行政区域跨白沙、琼中、五指山、乐东和昌江5市县,南开、元门、什运、毛阳、番阳、万冲、王下等7个乡(镇),地理坐标为东经109°11′27″—109°34′06″,北纬18°49′30″—19°08′41″,总面积为50 464hm²。保护区东面为五指山保护区,东南面为吊罗山保护区,西南面为尖峰岭、佳西、猴猕岭三大保护区,西面为霸王岭保护区,北面为黎母山保护区,其中海南霸王岭国家级自然保护区和海南佳西省级自然保护区与鹦哥岭自然保护区直接相连。

海南鹦哥岭自然保护区属森林生态系统类型,保护对象是以典型的热带雨林生态系统为主，集资源保护、科学研究、宣传教育、生态旅游和可持续利用为一体，是目前天然热带雨林保留最完整、集中连片面积最大的自然保护区之一，是海南生态安全屏障建设的重要组成部分和关键自然保护区。

## 三、尖峰岭国家级自然保护区

海南尖峰岭国家级自然保护区始建于1956年，与我国第一个自然保护区鼎湖山国家级自然保护区同年建立，是海南省最早建立的自然保护区。保护区地处海南岛西南部，位于东方市和乐东县境内，地理坐标为东经108°36′—109°05′，北纬18°23′—18°52′，保护区总面积20 170hm$^2$，属森林生态系统类型的自然保护区。保护区内经鉴定有野生维管植物2 258种，在2 258种野生植物中，有国家重点保护植物32种，其中一级保护植物有坡垒、海南苏铁2种，二级保护植物有海南梭椤等29种；省级保护植物有45种，如乐东木兰等。在这些野生植物中有海南特有种239种。此外，保护区有大型真菌312种。区内有野生脊椎动物400种，被列为国家重点保护野生动物的有45种，其中国家一级保护动物7种，分别是海南坡鹿、海南长臂猿、云豹、海南孔雀雉、巨蜥、海南山鹧鸪、蟒蛇；二级保护动物38种，包括海南猕猴、穿山甲、黑熊等。保护区的无脊椎动物资源比较丰富，截至2009年已鉴定有2 222种。其中蝴蝶资源特别丰富，种数多达449种，比具有"蝴蝶王国"美称的台湾（388种）还多61种，居中国自然保护区之冠。

## 四、霸王岭国家级自然保护区

海南霸王岭国家级自然保护保护区地处海南岛西南部，位于昌江黎族自治县东南部，地理坐标为东经109°03′—109°17′，北纬18°57′—19°11′。保护区始建于1980年，面积10万亩，1986年晋升为国家级，2003年保护区面积扩大至44.97万亩。保护区属于野生动物类型自然保护区，保护对象是海南长臂猿及其栖息地，是集自然保护与管理、宣传教育、科学研究、生态旅游等功能为一体的自然保护区。保护区是海南岛典型的热带森林分布区，区内分布有全国最大的特有天然南亚松林、全国最大的野生青梅林、全国最古老最大的野荔枝林。保护区内因丰富的动植物资源，被称为"绿色宝库""物种基因库"，素有"霸王归来不看树"的美誉，在我国生物多样性保护中，特别是热带雨林的保护中占有极其重要的地位。

## 五、吊罗山国家级自然保护区

海南吊罗山国家级自然保护区位于海南岛东南部，跨陵水、保亭、琼中等3县，于1984年经广东省人民政府批准成立广东白水岭省级自然保护区，1988年海南建省后，更名为海南吊罗山省级自然保护区，2008年晋升为国家级自然保护区。保护区地理坐标为东经109°45′05″—109°57′07″，北纬18°40′08″—18°49′19″，总面积18 389hm²。在保护区内主要有热带低地雨林、热带季雨林、热带山地雨林、热带山地常绿阔叶林、山顶常绿阔叶矮林5种植被型。吊罗山自然保护区种子植物区系共有种子植物1 955种，隶属于194科870属。其中，裸子植物有13种，隶属4科5属，被子植物有1 942种，隶属190科865属。其中属国家一级保护的有海南粗榧、子京、坡垒；属国家二级保护的有蝴蝶树、青皮、野荔枝、罗汉松和当年材种被称作"中央材"的陆均松等。药材有槟榔、益智、沉香、粗榧、巴戟、灵芝、金银花、鸡血藤。脊椎动物337种96科26目，其中有珍稀濒危、重点保护脊椎动物79种。属国家级保护的珍稀动物有云豹、海南大灵猫、穿山甲、孔雀雉、白鹇、猕猴、原鸡、水鹿、蟒等20余种，以及大量的昆虫，仅蝴蝶就有近400种。主要保护对象有海南粗榧、子京、坡垒、海南大灵猫、穿山甲、孔雀雉等。

## 六、黎母山省级自然保护区

海南黎母山省级自然保护区于2004年由海南省人民政府批准设立，保护对象主要为以具有北热带特点的热带雨林为主的森林生态系统、珍稀濒危野生动植物及其栖息地、丰富的热带雨林景观资源和旅游资源。该保护区为森林生态系统类型的自然保护区，位于海南岛中部，琼中、白沙两县境内，地理坐标为东经109°39′05″—109°48′31″，北纬19°07′22″—19°14′03″，面积12 889hm²，是海南岛保存较好的热带原始林地区之一。它的东面距枫木林场50km，南面是海南五指山自然保护区，西北部是海南最大的水库——松涛水库，北与海南番加自然保护区相毗连。

黎母山分布着热带山地雨林—热带湿润雨林—次生热带雨林—灌丛—草地等多个林分类型，构成完整的山地森林生态系统。

黎母山是一个不可替代的绿色宝库，具有较高的生物多样性，在涵养水源、保持水土、调节气候、维持生态系统良性循环等方面具有重要价值，其热带雨林已成为海南的"绿肺"之一。

海南中部山区热带雨林及其次

生林生态系统是构成稳定的生态系统最为重要的生物因素,也正是靠这些稳定的生态系统,海南中部的水源才能得到有效保护。保护中部山区生物多样性,就是保护海南的生物多样性,也就是保护中国热带雨林的生物多样性。

### 七、猴猕岭省级自然保护区

海南猴猕岭省级自然保护区位于海南省东方市境内,与昌江、乐东交界,地理坐标为东经108°57′15″—109°07′21″,北纬18°48′33″—18°58′17″,总面积为12 215.3hm²。保护区北部与海南霸王岭国家级自然保护区相连,东南部与海南佳西省级自然保护区相连,南部与海南尖峰岭国家级自然保护区相连,西北部与大广坝水库相连。于2004年7月23日由海南省人民政府批准建立,保护级别为省级,是一个以森林生态系统类型为主要保护对象的自然保护区。

海南猴猕岭省级自然保护区的建立对于保护生物多样性、涵养水源、保持水土、调节气候、维持生态系统良性循环等方面具有重要价值。猴猕岭是海南第三大岭,其主峰海拔1 655m,西面是我国对外开放最早的八大港口之一的八所港。猴猕岭原始森林面积共360km²,其中森林面积240km²,林区内的热带林多达600多种,囊括海南所有的珍贵树种。这里山岭连绵起伏,瀑布沟谷、险峰奇洞随处可见。

### 八、佳西省级自然保护区

海南佳西省级自然保护区是位于海南岛西南部乐东县北部,地理坐标为东经109°04′36″—109°13′23″,北纬18°49′43″—18°55′15″,面积为8 326.7hm²,是海南省生物多样性的重要组成,保护区保护对象主要是热带雨林森林生态系统。保护区植物资源十分丰富,主要珍贵树种有海紫荆木、红花天科木、乐东木兰、若梓、油丹、陆均松、广东钓樟等。近年来还发现成片的柏与海南五针松混交分布,这是岛内绝无仅有的林分。保护区动物种类诸多,主要珍稀和国家保护动物有水鹿、猕猴、黑熊、大灵猫、穿山甲、蟒、巨蜥、孔雀、白肩隼、游隼、白颈长尾雉、黄腹角雉等。

### 九、俄贤岭省级自然保护区

海南俄贤岭省级自然保护区位于海南省东方市东部与昌江黎族自治县南部交界处,是海南省最年轻的省级自然保护区,于2019年3月由海南省人民政府批准建立,地理坐标为东经109°00′15″—109°09′9.4″,北纬18°56′35.9″—19°03′35.56″,面积为6 681.3hm²。它独特的山岭气质和壮美景观,被誉为"海南第一仙山",是"木之王冠"国家二级保护植物海南黄花梨的原产地和盛产地,是海南黎族同胞盛大传统节日"三月三"盛会的发源地之一。保护区主要保护对象为岩溶地貌、野生动植物资源和热带雨林生态系统,属于"自然生态系统类"的"森林生态系统类型"自然保护区。建立海南俄贤岭省级自然保护区,进一步加强对该地区岩溶地貌、野生动植物资源和热带雨林生态系统的保护和管理,对于保护生物多样性,确保生态系统安全稳定和改善生态环境质量具有重要意义。

# 第五节 建设海南热带雨林国家公园意义

海南热带雨林面积占全国总量的近三分之一,保存最为完好、分布最为集中,具有全球性保护意义和国家代表性,是大自然赐予的宝贵财富。党中央、国务院高度重视海南热带雨林保护与修复工作,将海南热带雨林国家公园体制试点作为国家生态文明试验区(海南)建设的重要内容。习近平总书记"4·13"重要讲话强调,要积极开展国家公园体制试点,建设热带雨林等国家公园,构建归属清晰、权责明确、监管有效的自然保护地体系。《中共中央国务院关于支持海南全面深化改革开放的指导意见》明确提出"研究设立热带雨林等国家公园,构建以国家公园为主体的自然保护地体系,按照自然生态系统整体性、系统性及其内在规律实行整体保护、系统修复、综合治理"。为此,国家林业和草原局(国家公园管理局)与海南省着手推动海南热带雨林国家公园建设,着力构建归属清晰、权责明确、监管有效的自然保护地体系。2019年1月23日,习近平总书记主持中央全面深化改革委员会第六次会议,审议通过《海南热带雨林国家公园体制试点方案》。这是继三江源、东北虎豹、大熊猫、祁连山国家公园体制试点以后,中央全面深化改革委员会通过的又一个国家公园体制试点方案,是我国在建立以国家公园为主体的自然保护地体系建设方面取得的新进展。

建设海南热带雨林国家公园，具有以下重要意义：

一是贯彻落实习近平生态文明思想，是"两山论"的具体实践。建设热带雨林国家公园，能够为社会公众提供清新的空气、清洁的水源、宜人的气候和丰富的生物多样性资源等稀缺的生态产品，生态产品的价值实现，将会产生难以估量的经济效益。海南热带雨林国家公园作为我国热带雨林的典型代表，具有顶级的游憩资源，对国内外访客具有较大的吸引力。热带雨林国家公园自然体验与环境教育的开展在满足社会公众亲近自然、体验自然的精神需求的同时，能够极大促进餐饮、住宿等关联多业态的发展，产生可观的经济效益，促进当地脱贫，走出一条生态优先绿色发展的新路子。

二是海南省委省政府强力推进海南生态文明试验区建设的重要抓手。海南省委省政府高度重视热带雨林国家公园建设，将其作为海南生态文明试验区建设关键中的关键，于2019年6月列入海南自贸区12个先导性项目，强力予以推进。省委书记刘赐贵、省长沈晓明多次主持召开专题会议研究部署，提出明确要求，强调建设好海南热带雨林国家公园有利于海南坚持人与自然和谐共生，有利于筑牢海南绿色生态屏障，有利于海南保护热带雨林生态系统的原真性和完整性。

三是筑牢海南绿色生态屏障的关键举措。我国热带雨林资源极其稀缺，主要分布在海南、云南南部、台湾南部、广西南部及西藏东南河谷地带。海南热带雨林是我国分布最集中、保存最完好的岛屿型热带雨林，资源极其宝贵。建设海南热带雨林国家公园，对筑牢海南绿色生态屏障极其关键、十分必要。

四是保护热带雨林生态系统原真性和完整性的有效途径。海南拥有独特的自然地理景观和完整的植被垂直带谱。自20世纪60年代海南省第一个自然保护区——尖峰岭自然保护区建立以来，相继建立的各类自然保护地在一定程度上保护和恢复了热带雨林生态系统。但是由于历史原因，当地热带雨林物种特色与群落特征受到威胁，整体保护和系统修复迫在眉睫。建设海南热带雨林国家公园，集中连片整合现有自然保护地，创新保护管理体制，实现统一规范高效管理，实施整体保护、系统修复和综合治理，能够更加有效保护热带雨林生态系统的原真性和完整性，从而实现珍稀自然资源的世代传承。

五是拯救我国热带珍稀濒危野生动植物资源的迫切需要。海南独特的地理位置和地质地貌类型，孕育多种热带特有、中国特有、海南特有的珍稀动植物种类,是生物多样性和遗传资源的宝库。建设海南热带雨林国家公园,整合多个单一自然保护地,修复热带雨林生态系统,建设生态廊道,有利于保护生物多样性、抢救濒危物种、维持区域生态平衡。

到2020年已结束试点,正式设立海南热带雨林国家公园。主要实现以下两个目标:

一是建设生态文明体制创新的探索区域。建立统一规范高效的海南热带雨林国家公园管理体制,彻底解决交叉重叠、多头管理的碎片化问题,构建归属清晰、权责明确、监管有效的以国家公园为主体的自然保护地体系,为当代人提供优质生态产品,为子孙后代留下自然遗产,为海南永续发展筑牢绿色生态屏障。

二是建设中国乃至全球热带雨林生态系统关键保护地。建成大尺度多层次的生态保护体系,热带雨林生态系统的原真性、完整性和多样性得到有效保护,受损的自然景观和生态系统得以修复,科研监测体系不断完善,国家公园的教育、游憩功能得以发挥。此外,热带物种数量保持稳定,濒危物种的生境条件明显改善,热带岛屿水源涵养功能巩固提升。

# 主要参考文献

《地球科学大辞典》编委会,2006. 地球科学大辞典·基础学科卷[M]. 北京:地质出版社.

陈哲培,钟盛中,何圣华,等,1997. 全国地层多重划分对比研究(46)海南省岩石地层[M]. 武汉:中国地质大学出版社.

方世明,李江风,2012. 地质公园概论[M]. 武汉:中国地质大学出版社.

葛小月,2003. 海南岛中生代岩浆作用及其构造意义——年代学、地球化学及Sr-Nd同位素证据[D]. 广州:中国科学院广州地球化学研究所.

葛小月,李献华,陈志刚,等,2002. 中国东部燕山期高Sr/低Y型中酸性火成岩的地球化学特征及成因:对中国东部地壳厚度的制约[J]. 科学通报,47(22):474-480.

海南省地方志办公室,2005. 海南省志·水利志[M]. 海口:南海出版公司.

海南省地方志办公室,2005. 海南省志·自然地理志[M]. 海口:南海出版公司.

海南省地质调查院,2017. 中国区域地质志·海南志[M]. 北京:地质出版社.

黄兆雪,李超荣,李浩,等,2012. 海南省昌江县钱铁洞旧石器时代洞穴遗址[C]//董为. 第十三届中国古脊椎动物学学术年会论文集. 北京:海洋出版社.

李超荣,2014. 海南考古的结缘地——昌江[J]. 化石(4):55-62.

李超荣,李浩,许勇,2013. 海南探宝[J]. 化石(4):67-75.

李江海,穆剑,1999. 我国境内格林威尔期造山带的存在及其对中元古代末期超大陆再造的制约[J]. 地质科学(3):3-5.

李钊,李超荣,王大新,等,2008. 海南的旧石器考古[C]//董为. 第十三届中国古脊椎动物学学术年会论文集. 北京:海洋出版社.

柳长柱,薛桂澄,张东强,2009. 海南热带石林地貌成景分析及对比研究——以英岛石林和仙安石林为例[J]. 地下水,31(6):129-130.

马大铨,黄香定,肖志发,等,1998. 海南岛结晶基底——抱板群层序与时代[M]. 武汉:中国地质大学出版社.

孙卫东,凌明星,汪方跃,等,2008. 太平洋板块俯冲与中国东部中生代地质事件[J]. 矿物岩石地球化学通报,27(3):218-225.

唐立梅,陈汉林,董传万,等,2010. 中国东南部晚中生代构造伸展作用——来自海南岛基性岩墙群的证据[J]. 岩石学报,26(4):1204-1206.

汪啸风,马大铨,蒋大海,1991. 海南岛地质(二):岩浆岩[M]. 北京:地质出版社.

王明忠,李超荣,李浩,等,2010. 海南省新发现的旧石器材料[C]//董为. 第十三届中国古脊椎动物学学术年会论文集. 北京:海洋出版社.

夏邦栋,任震鹏,1979. 海南岛石碌及其外围地区的地层及沉积建造[J]. 南京大学学报(地质学专刊):43-55.

肖庆辉,王涛,邓晋福,2009. 中国典型造山带花岗岩与大陆地壳生长研究[M]. 北京:地质出版社.

谢才富,2002. 同构造花岗岩的一种显微构造标记[J]. 岩石矿物学杂志,21(2):179-185.

谢才富,朱金初,丁式江,等,2006a. 琼中海西期钾玄质侵入岩的厘定及其构造意义. 科学通报,51(16):1944-1954.

谢才富,朱金初,丁式江,等,2006b. 海南尖峰岭花岗岩体的形成时代、成因及其与抱伦金矿的关系[J]. 岩石学报,22(10):2493-2508.

辛建荣,2006. 旅游地学原理[M]. 武汉:中国地质大学出版社.

许德如,梁新权,唐红峰,2002. 琼西抱板群变质沉积岩地球化学研究[J]. 地球化学,31(1):153-160.

于双忠,1992. 海南岛地体漂移的地球动力机制[J]. 中国矿业大学学报,21(增刊):17-27.

Li X H, 1999. U-Pb zircon ages of granites from the southern margin of the Yangtze Block: timing of Neoproterozoic Jinning: Orogeny in SE China and implications for Rodinia Assembly[J]. Precambrian Research, 97(1): 43 – 57.

NYMAN M W, KARLSTROM K E, KIRBY E, et al., 1994. Mesoproterozoic contractional orogeny in western North America: Evidence from ca. 1.4 Ga plutons[J]. Geology, 22(10): 901.

# 后 记

本书的编写是在充分收集海南热带雨林国家公园内有关地质遗迹的资料,并结合对地质遗迹进行实地走访调查的基础上完成的,主要收集了已完成的三批次海南省重要地质遗迹详细调查和各省级地质公园综合考察资料,以及同步实施的"热带雨林国家公园地质遗迹调查评价"项目资料。野外调查和采集了各类地质遗迹特征参数及多媒体数据,以及与地质遗迹相关的自然景观。

本书地质遗迹的"前世"探讨运用"将今论古"理论,以园区内岩石为基础,反演其形成环境。按地质年代先后顺序、不同成因类型分别叙述地质遗迹的物质基础成因及演化过程。

本书地质遗迹的"今生"主要描述地质遗迹的种类、分布等基本特征,分析其成因演化,展现其科学价值、美学价值。

本书第十章、第十一章主要参考了海南热带雨林国家公园官网资料,结合人文和自然资源,突出人与自然和谐共生。

本书通过通俗易懂的文字,对海南热带雨林公园范围内地质遗迹的种类、分布等基本特征作了简要的叙述,并探讨其物质基础及成因、演化过程。以地质遗迹优美的景观和丰富的科学内涵,提高人们了解大自然、热爱大自然、保护大自然的热情,起到科学普及的作用,支撑服务海南热带雨林国家公园建设。

  本书在编写过程中,得到海南省地质调查院区调科林义华、袁勤敏、周进波、林弟等同事的大力帮助和支持,在此向他们致以衷心的感谢!同时感谢海南省海洋地质资源与环境重点实验室和"海南省2018年度新世纪百千万人才工程国家级人才资金"的资助。

  因编写人员水平有限,难免存在疏漏和不妥之处,敬请批评指正。